内蒙古典型蓄水工程
生态环境效应
遥感监测与评价

柴志福 李宁 王军 邬佳宾 付卫平 张炜 等 著

中国水利水电出版社
www.waterpub.com.cn
·北京·

内 容 提 要

本书以德日苏宝冷水库、乌拉盖水库、西柳沟坝系工程为研究对象，采用遥感解译、野外调查与实地测量核实、数字模型与模拟反演等方法，依托区域现有水文站、雨量站、气象站等系列观测资料，对蓄水工程建设前后的生态环境效应进行了分析评价。完成了蓄水工程建设前后的水生态、水资源利用、气候变化、土地利用、植被等遥感数据解译，提出了生态环境效益关键因子，阐明了关键生态环境指标时序演变与蓄水工程建设的互馈关系；基于层次分析理论构建了蓄水工程生态环境效应综合评价模型，并对典型蓄水工程生态环境效应进行了综合评价。主要内容包括：蓄水工程生态环境效益关键因子识别研究；蓄水工程生态环境效应遥感监测与互馈分析；蓄水工程生态环境效应评价指标体系与模型；典型蓄水工程生态环境效应综合评价与预测。

本书适合从事水资源、水环境、水生态等领域的管理、研究人员参考，也适合高等院校相关专业的师生参考。

图书在版编目（CIP）数据

内蒙古典型蓄水工程生态环境效应遥感监测与评价 / 柴志福等著. -- 北京 : 中国水利水电出版社，2025. 4.
ISBN 978-7-5226-3368-8

Ⅰ. TV5；X835

中国国家版本馆CIP数据核字第2025CX4835号

书　　名	内蒙古典型蓄水工程生态环境效应遥感监测与评价 NEIMENGGU DIANXING XUSHUI GONGCHENG SHENGTAI HUANJING XIAOYING YAOGAN JIANCE YU PINGJIA
作　　者	柴志福　李　宁　王　军　邬佳宾　付卫平　张　炜　等著
出版发行	中国水利水电出版社 （北京市海淀区玉渊潭南路1号D座　100038） 网址：www.waterpub.com.cn E-mail：sales@mwr.gov.cn 电话：（010）68545888（营销中心）
经　　售	北京科水图书销售有限公司 电话：（010）68545874、63202643 全国各地新华书店和相关出版物销售网点
排　　版	中国水利水电出版社微机排版中心
印　　刷	天津嘉恒印务有限公司
规　　格	184mm×260mm　16开本　12.75印张　310千字
版　　次	2025年4月第1版　2025年4月第1次印刷
定　　价	**78.00元**

本书编写人员

主　　编： 柴志福　李　宁　王　军　邬佳宾　付卫平　张　炜

参编人员：（以姓氏笔画为序）

丁玉龙　马　鑫　王　弋　王　峥　王铁军　王　琦

王雯雯　王　普　王瑞贤　王瞳龙　巴　图　叶合欣

田海萍　史世斌　朱　双　刘　云　刘　伟　刘　阳

刘林春　刘晓琴　刘瑞霞　刘殿君　阮　洁　孙　伟

孙丽媛　苏日娜　苏东晖　苏海涛　李凤云　李和平

李春盛　李洁明　李海江　李婉娇　李静薇　李　璇

吴国玺　杨　艳　张茂煜　张　波　张峥君　张　娜

张　涛　张慧艳　陈雅楠　武海霞　林晓静　尚海灵

呼燕茹　周利颖　郑和祥　赵玉坤　赵奕涵　赵　莹

柳剑峰　逄　红　姚　锐　秦艳春　班学君　贾燕茹

贾　飚　高云霖　高　峰　高　琦　郭彦青　黄文颖

崔军辉　鹿海员　逯海叶　彭　盼　傅　恒　温骥铎

蒯　通　满海澜

　　党的十八大将生态文明建设纳入了"五位一体"的总体布局，生态环境安全已是国家安全的重要组成部分。把内蒙古建设成为我国北方重要生态安全屏障，走生态优先、绿色发展之路是习近平总书记和党中央为内蒙古自治区确立的战略定位。2020年1月，内蒙古自治区主席布小林在内蒙古自治区政协十二届三次会议提出要对影响草原生态的水库进行整治，遏制草原生态环境恶化趋势，促进区域生态环境的改善。

　　中华人民共和国成立以来，国家和内蒙古自治区人民政府在内蒙古境内大小河流上建设了众多蓄水工程。截至目前，自治区注册登记水库有596座，其中：大型水库15座、中型水库90座、小型水库491座。随着社会经济的发展和人口的增加，水资源的合理利用和管理变得尤为重要。蓄水工程作为一种重要的水资源调控手段，对于保障人民生活用水、农田灌溉和工业生产等方面起着至关重要的作用。然而，人为干预会导致河流水文系统发生重大变化，包括河流水量、水位、泥沙、河道走向，以及河流上下游周边的土壤、动植物群落和植被覆盖度均会产生一定程度的影响。如何对蓄水工程进行有效的监测和管理，以确保其正常运行和安全性，一直是水利部门和相关研究机构关注的焦点。近年来，随着遥感技术的快速发展和应用，利用遥感技术监测蓄水工程已成为一种有效的手段。内蒙古地域广阔、地形复杂，传统的监测手段存在一定的局限性，无法全面准确地获取蓄水工程的信息。而遥感技术的应用，则为解决这一问题提供了新的途径。因此，开展内蒙古典型蓄水工程生态环境效应遥感监测与评价研究，尽量客观、真实、全面地分析成因并搞清楚其影响的深度和广度，对自治区下一步建设生态蓄水工程、促进区域生态环境逐步改善具有十分重要的现实意义。

　　为此，在内蒙古自治区水利科技专项资助下，内蒙古自治区水利科学研究院于2021年主持开展了"内蒙古典型蓄水工程生态环境效应遥感监测与评价"项目（NSK202104）的研究工作。本项目研究以德日苏宝冷水库（辽河流域）、乌拉盖水库（内陆河流域）、西柳沟坝系工程（黄河流域）为研究对象，采用遥感解译、野外调查与实地测量核实、数字模型与模拟反演等方法，依托区域现有水文站、雨量站、气象站等系列观测资料，对蓄水工程建设前后的生态环境效应进行了分析评价。

经过三年研究，完成了不同气候区、不同工程等级、不同功能属性的3座蓄水工程建设前后的水生态、水资源利用、气候变化、土地利用、植被等遥感数据解译，提出了生态环境效应关键因子，阐明了关键生态环境指标时序演变与蓄水工程建设的互馈关系；基于层次分析理论构建了蓄水工程生态环境效应综合评价模型，并对典型蓄水工程生态环境效应进行了综合评价。制定了地方标准《草原蓄水工程生态效应遥感监测技术规程》，获批了"一种智能型水库水位全天候监测装置""一种农田水位监测装置"和"种大坝沉降监测预警装置"3项专利。这些成果为各级决策部门掌握蓄水工程建设前后生态环境效应时空变化、制定生态蓄水工程建设方案等提供了重要的基础数据和依据，为内蒙古生态水利工程建设与管理提供科学依据和决策支持。

本书由柴志福、李宁、王军、邬佳宾、付卫平、张炜、苏海涛负责编审与统稿。全书共分7章，各章撰写人员如下：第1章由柴志福、苏海涛执笔；第2章由李宁、张炜、逄红执笔；第3章由王军、鹿海员、李海江执笔；第4章由邬佳宾、郑和祥、李和平、赵玉坤执笔；第5章由柴志福、巴图、张波执笔；第6章由付卫平、吴国玺、高琦执笔；第7章由柴志福、张炜、付卫平执笔。

本书的研究成果是由数十名研究人员历经3年时间共同完成，参加研究的人员有：柴志福、李宁、王军、邬佳宾、付卫平、张炜、丁玉龙、马鑫、王弋、王峥、王铁军、王琦、王雯雯、王普、王瑞贤、王瞳龙、巴图、叶合欣、田海萍、史世斌、朱双、刘云、刘伟、刘阳、刘林春、刘晓琴、刘瑞霞、刘殿君、阮洁、孙伟、孙丽媛、苏日娜、苏东晖、苏海涛、李凤云、李和平、李春盛、李洁明、李海江、李婉娇、李静薇、李璇、吴国玺、杨艳、张茂煜、张波、张峥君、张娜、张涛、张慧艳、陈雅楠、武海霞、林晓静、尚海灵、呼燕茹、周利颖、郑和祥、赵玉坤、赵奕涵、赵莹、柳剑峰、逄红、姚锐、秦艳春、班学君、贾燕茹、贾飚、高云霖、高峰、高琦、郭彦青、黄文颖、崔军辉、鹿海员、逯海叶、彭盼、傅恒、温骥铎、蒯通、满海澜等，在研究过程中，全体研究人员本着科学认真的态度，密切配合，相互支持，圆满完成了研究任务，在此对他们的辛勤劳动表示感谢！

在项目研究和本书编写过程中，内蒙古自治区水利科学研究院、水利部牧区水利科学研究所、国家对地观测科学数据中心、内蒙古自治区水文水资源中心、内蒙古自治区测绘地理信息中心、内蒙古自治区气象卫星遥感中心、鄂尔多斯市水利局、锡林郭勒盟水利局、赤峰市水利局、达拉特旗水利局、东胜区水利局、锡林郭勒盟乌拉盖水库管护中心、巴林右旗德日苏宝冷水库管护中心等单位领导和相关专家给予了大力支持，在此一并表示衷心感谢！

由于作者水平有限，加之研究问题的复杂性，书中难免存在欠妥之处，敬请读者批评指正。

作者

2024 年 10 月

目录

前言

第1章　绪论 ·· 1

1.1　研究背景与意义 ·· 1

1.2　国内外研究进展及趋势 ·· 3

1.3　研究内容与技术路线 ·· 5

1.4　生态环境效应遥感监测技术与方法 ·· 6

第2章　研究区概况 ·· 24

2.1　典型蓄水工程概况 ·· 24

2.2　自然地理概况 ··· 34

2.3　社会经济 ·· 37

2.4　遥感监测数据整编 ·· 40

第3章　蓄水工程生态环境效益关键因子识别研究 ································· 46

3.1　生态环境效应因子调研 ·· 46

3.2　指标体系构建 ··· 47

3.3　建立判断矩阵 ··· 48

3.4　一次性检验 ·· 49

3.5　关键因子识别确定 ·· 51

3.6　小结 ··· 53

第4章　蓄水工程生态环境效应遥感监测与互馈分析 ······················· 54

4.1　乌拉盖生态水库环境效应遥感监测与互馈分析 ································· 54

4.2　德日苏宝冷水库生态环境效应遥感监测与互馈分析 ························· 75

4.3　西柳沟淤地坝系生态环境效应遥感监测与互馈分析 ························ 100

4.4　小结 ·· 124

第5章　蓄水工程生态环境效应评价指标体系与模型 ······················· 127

5.1　评价指标体系 ·· 127

5.2　评价模型与权重 ··· 130

5.3　评价系统 ··· 138

5.4　评价因子 ··· 156

5.5　小结 ·· 164

第6章　典型蓄水工程生态环境效应综合评价与预测 ……………………………… 166

　6.1　乌拉盖水库研究区生态环境效应综合评价与预测 ………………………… 166

　6.2　德日苏宝冷水库研究区生态环境效应综合评价与预测 …………………… 173

　6.3　西柳沟淤地坝系研究区生态环境效应综合评价与预测 …………………… 179

　6.4　小结 ……………………………………………………………………………… 185

第7章　结论与展望 ……………………………………………………………………… 186

　7.1　结论 ……………………………………………………………………………… 186

　7.2　展望 ……………………………………………………………………………… 189

参考文献 …………………………………………………………………………………… 192

第1章 绪 论

1.1 研究背景与意义

1.1.1 研究背景

党的十八大将生态文明建设纳入了"五位一体"的总体布局，生态环境安全已是国家安全的重要组成部分。把内蒙古建设成为我国北方重要生态安全屏障，走生态优先、绿色发展之路是习近平总书记和党中央为内蒙古确立的战略定位。习近平总书记从生态文明建设的整体视野提出"山水林田湖草沙是生命共同体"的论断，明确强调在治水兴水中要克服片面性，在治水理念、治水技术和生态修复等方面切实做到综合施策。党中央也明确指出"按照生态优先、全域治理、流域统筹、协同共享的思路，构建流域水生态保护格局、水资源配置格局、水灾害治理格局"。

突出治水理念的综合性，就是要突破就水治水的片面性，立足山水林田湖草沙这一生命共同体，统筹兼顾各种要素、协调各方关系，把局部问题放在整个生态系统中来解决，实现治水与治山、治林、治田、治沙有机结合、整体推进。随着人们对水利工程认识的不断加深，国内外水利工程建设引起的生态环境变化日益受到人们的重视。

2019 年 4 月，内蒙古自治区党委通过了《关于贯彻落实习近平总书记参加十三届全国人大二次会议内蒙古代表团审议时重要讲话精神坚定不移走以生态优先绿色发展为导向的高质量发展新路子的决定》，这为下一步内蒙古生态水利工程建设与运行提供了政策导向。

2020 年 1 月，内蒙古自治区主席布小林在内蒙古自治区政协十二届三次会议提出要对影响草原生态的水库进行整治，遏制草原生态环境恶化趋势，促进区域生态环境的改善。2020 年 8 月，中共中央政治局审议通过了《黄河流域生态保护和高质量发展规划纲要》。2020 年 12 月，水利部审查通过了《黄河流域生态保护和高质量发展水安全保障规划》，明确治水路径的综合性，就是要综合运用治污、防洪等工程措施和生态技术、生物措施，加强工程措施与生态手段的集成，实现蓄水调水、农田保护和水土流失治理相统一。2020 年 12 月 28 日，内蒙古自治区党委通过《关于制定国民经济和社会发展第十四个五年规划和 2035 年远景目标的建议》，提出统筹山水林田湖草沙系统治理，增强大兴安岭、阴山山脉、贺兰山山脉生态廊道和草原生态系统功能，加强黄河、西辽河、嫩江、黑河、"一湖两海"等流域水域生态环境保护治理，完善"五大沙漠""五大沙地"防沙治沙体系，构建集草原、森林、河流、湖泊、湿地、沙漠、沙地于一体的全域生态安全格局。

1

2023 年 6 月 8 日，习近平总书记在内蒙古考察时进一步指出：要统筹山水林田湖草沙综合治理，精心组织实施京津风沙源治理、"三北"防护林体系建设等重点工程，加强生态保护红线管理，落实退耕还林、退牧还草、草畜平衡、禁牧休牧，强化天然林保护和水土保持，持之以恒推行草原森林河流湖泊湿地休养生息，加快呼伦湖、乌梁素海、岱海等水生态综合治理，加强荒漠化治理和湿地保护，加强大气、水、土壤污染防治，在祖国北疆构筑起万里绿色长城。

2023 年 10 月 16 日，国务院对内蒙古高质量发展提出了"扎实推动黄河流域生态保护和高质量发展，加大草原、森林、湿地等生态系统保护修复力度，加强荒漠化综合防治，构筑祖国北疆万里绿色长城"的工作原则。

1.1.2　研究意义

中华人民共和国成立以来，国家和内蒙古自治区人民政府在内蒙古境内大小河流上建设了众多蓄水工程。截至目前，自治区注册登记水库有 596 座，其中：大型水库 15 座、中型水库 90 座、小型水库 491 座。随着社会经济的发展和人口的增加，水资源的合理利用和管理变得尤为重要。蓄水工程作为一种重要的水资源调控手段，对于保障人民生活用水、农田灌溉和工业生产等方面起着至关重要的作用。然而，人为干预会导致河流水文系统发生重大变化，对包括河流流量、水位、泥沙、河道走向，以及河流上下游周边的土壤、动植物群落和植被盖度均会产生一定程度的影响。如何对蓄水工程进行有效的监测和管理，以确保其正常运行和安全性，一直是水利部门和相关研究机构关注的焦点。近年来，随着遥感技术的快速发展和应用，利用遥感技术监测蓄水工程已成为一种有效的手段。内蒙古地域广阔、地形复杂，传统的监测手段存在一定的局限性，无法全面准确地获取蓄水工程的信息。而遥感技术的应用，则为解决这一问题提供了新的途径。因此，开展内蒙古典型蓄水工程生态环境效应遥感监测与评价研究，尽量客观、真实、全面地分析成因并搞清楚其影响的深度和广度，对内蒙古自治区下一步建设生态蓄水工程、促进区域生态环境逐步改善具有十分重要的现实意义。

蓄水工程生态环境效应评价是判断经济与社会发展状况的一项重要指标，也是制定宏观经济政策的不可或缺的基础依据，有着重大的理论和实践意义。蓄水工程生态环境效应评价是一个多层次、多指标和多因素的评判过程，是将反映研究对象不同性质、不同层面的多个指标构建成不同的层次，由最后一级向第一级逐次进行分析，最终得到定量化指标来反映评价蓄水工程的整体生态环境。随着我国经济建设的快速发展，不同的行业和部门都在综合客观评价现有蓄水工程运行的状况，找出存在的问题及可能发挥的更大潜力，从而更有效地在宏观层面上把握未来发展的水平与趋势。

传统的生态环境监测主要通过野外布点采样的方式来完成。受各种自然环境客观条件的限制，定位布点有着很大的局限性。劳动强度极大的人工采样分析，虽然能够有效地检测出所需要的生态环境相关的参数，但缺乏时效性、连续性和精确度。

相比而言，遥感技术是利用卫星、飞机等遥感平台获取地球表面信息的一种技术手段，具有广泛性（卫星影像大面积同步）、周期性（可追溯、长序列）、时效性的特点，能够更加快速直接地获取并统计归纳资料数据，效率更高，误差更小。卫星影像能够动态反映几乎所有地面事物的变化，按照需求能够周期性、重复对同一地区进行观测，获取不同时段、不同区域的影像和数据。卫星影像能够有效地实现区域生态监测的连续性，尽量真实地体现地质、地貌、土壤、植被、水文、人工构筑物等地物的特征，更加容易发现并动态地跟踪自然界的各种演化和全面分析揭示事物之间的关联性。遥感技术的应用可以便捷精准有效地到达一些环境恶劣的区域进行监测，能够获取比以往常规监测更多的相关信息，获取信息的深广度也远超人类常规的监测手段。遥感技术可以根据所掌握的数据和资料建立所需要的各类模型，能够迅速准确地为农、牧、林、水以及环境等相关部门提供必要的动态技术参数，在区域环境的研究时从宏观上也能够更加直观地联络生态因素关系。遥感技术对区域进行动态监测，能够很快地更新数据，对于蓄水工程带来的自然环境变化比如河道变迁以及水土流失等情况都可以实现实时监控和长期监测，及时发现问题并采取相应的措施，确保蓄水工程的正常运行和安全性。

传统的生态环境监测手段需要大量的人力物力投入，而遥感技术可以实现对大范围蓄水工程的监测，利用计算机对卫星遥感图像进行分析，能够大大降低投入成本。

近些年，遥感技术被广泛应用在各个领域，极大程度上促进了遥感技术的商业化发展。电子传感器研发技术爆炸式的更新换代，对现代遥感技术应用起到了极大的推动作用，传感器在雷达和光谱仪分辨率方面的提升，对水生态环境监测有着重要的意义。虽然目前遥感技术的应用市场只是起步阶段，但随着科学的进步，全面化发展遥感技术将是必然趋势。

本书拟突破传统的研究理念，充分利用积累的多项水利科研成果、先进的探测仪器和科学的试验方法，采用遥感信息技术与样点监测互补的手段，开展自治区典型蓄水工程生态环境效应包括水生态、水资源利用、气候变化、土地利用、植被等关键因子识别与动态演变方向路径研究，在此基础上构建蓄水工程生态环境效应综合评价指标体系和模型。提出典型蓄水工程生态环境遥感监测与效应评价技术方案，填补自治区蓄水工程生态环境效应遥感监测的空白，为自治区水资源合理利用与生态环境保护的综合优化配置技术提供基础数据，为自治区建设生态蓄水工程提供科学依据和决策支持。

1. 2　国内外研究进展及趋势

遥感技术是一种通过获取地球表面信息的非接触式技术，它通过感知和记录地球表面的电磁辐射（包括可见光、红外线、微波等），利用卫星、飞机等载体将数据传输到地面，再通过图像处理和分析等手段，提取出有关地球表面的各种信息，具有广泛的应用领域。

国外利用遥感技术对生态环境状况进行监测始于 20 世纪 60 年代，我国遥感应用则开始于 20 世纪 70 年代。我国利用遥感技术完成国家资源环境宏观调查，建成国家资源环境遥感数据库和国家基本资源环境遥感动态信息服务体系。卫星遥感技术在资源调查、环境监测中发挥了重要的作用，为区域资源系统空间信息的定位研究、资源动态的连续快速监测和结构、功能的定量综合分析提供了强有力的技术支撑。美国曾用陆地卫星 TM 图像进行农作物估产，结果和农业部门统计的数字只相差 3%，而且节省了大量的资金和时间；我国和加拿大、美国、墨西哥等国也先后利用遥感技术进行森林资源、土地利用现状调查以及动态的连续、快速监测。我国利用陆地卫星和航空遥感资料，查明了耕地面积为18.8亿亩，而不是15.7亿亩的统计数字，查清了我国耕地实际拥有量，为正确制定我国的农业政策提供了科学的依据。中国农业科学研究院草原研究所利用航天遥感技术建设了中国北方草场动态监测系统，用以监测草地资源变化和草牧平衡状况，以及对火灾、雪灾、草场退化、沙化等草原灾害进行实时评估，使草场管理达到了现代化水平。

蓄水工程在为人类提供巨大经济效益的同时，也对社会和环境带来不少的负面影响。蓄水工程通过不同的方式影响着河流生态系统、流域生态系统及其一系列子系统，影响着人类赖以生存的生态环境。埃及阿斯旺高坝近30年来为不断增长的人口提供了电力、灌溉及水源，而截留的泥沙也造成了沙丁鱼资源的大面积枯竭。但是，实践证明人类文明的发展离不开水利建设，例如：世界上著名的伊泰普水电站、胡佛大坝、罗贡坝、阿斯旺高坝等都曾经或者正在防洪、灌溉、供水、水力发电等方面发挥着巨大的作用；还有我国建于公元前256年的都江堰水利工程至今仍发挥着十分重要的作用，是我国目前灌溉面积最大的水利工程。蓄水工程作为国家基础设施建设，对拉动国民经济发展发挥了重要作用。然而在蓄水工程建设和运行的同时，也会对河流生态系统产生重大影响。蓄水工程建设人为地改变了河流原有的生态环境，直接影响了生源要素在河流中的生物地球化学行为，进而改变河流生态系统的物种构成、栖息地分布以及相应的生态功能。鉴于筑坝造成河流生源要素、河流和区域生态环境的改变，国内外科学家对河流生态系统的响应过程广泛重视，成为目前河流生态研究的重要领域之一。

我国对生态环境的改善越来越重视，如何实现流域、区域及蓄水工程建设后环境的科学治理，遥感技术在水生态环境的管理方面起到了明显的作用。国外许多国家对水库建设、河道治理、沿河地带建设、水污染问题、水对生物的影响等诸多方面进行了研究，并得到了一系列的科学结论。研究方面主要概括局地气候、水文情势、河流水质、生物多样性、地形地貌等领域。我国蓄水工程对生态环境的影响研究始于20世纪70年代末，通过调查实践不断地分析与研究，已经明确了工程建设对流域环境造成的一些影响，并建立了流域生态环境受到的多种影响预测模型。尽管目前区域生态环境效益评价工作在我国已初步形成，也取得了一些进展，但是总体水平还是初级阶段，而且各地区参差不齐。目前，内蒙古利用遥感信息技术分析蓄水工程建设对生态环境影响的研究尚未开展。

随着科技的不断进步，遥感技术在国内外的应用将会越来越广泛。未来，遥感技术的发展趋势主要体现在以下几个方面：

（1）图像分辨率提升。随着卫星技术的不断发展，遥感图像的分辨率将会越来越高。高分辨率的遥感图像可以提供更为详细的地表信息，为各个领域的应用提供更准确的数据支持。

（2）多源数据融合。未来遥感技术将会更加注重多源数据的融合。通过将不同传感器获取的数据进行融合，可以提高数据的准确性和可靠性，为应用提供更全面的信息。

（3）智能化分析。随着人工智能技术的发展，遥感技术的数据分析将会更加智能化。通过利用机器学习和深度学习等技术，可以自动提取和分析遥感图像中的信息，提高数据处理的效率和准确性。

（4）实时监测。遥感技术将会更加注重实时监测。通过利用卫星和无人机等载体，可以实时获取地球表面的信息，及时发现和预警各种问题，为应用提供更及时的数据支持。

1.3　研究内容与技术路线

1.3.1　研究内容

1. 生态环境效应关键因子识别与蓄水工程建设互馈关系研究

（1）结合蓄水工程特点，遵循代表性、客观性、可测性、层次性等原则，开展生态环境效应关键因子识别研究。

（2）利用归一化差异水体指数法、目视解译法、归一化植被指数法等遥感监测方法，研判蓄水工程实施前后水生态、水资源利用、气候变化、土地利用、植被等因子动态演变方向和路径。

（3）解析蓄水工程建设条件下水土环境因子演变方向和路径，揭示单个生态环境指标时序变化与蓄水工程建设的互馈关系。

2. 蓄水工程生态环境效应遥感监测技术研究

（1）基于下垫面监测设备和地面调查方法，结合蓄水工程研究区生态环境特征，遵循主导性、可获取性、实用性三方面的原则，从水、土两个维度分析生态环境动态变化。

（2）基于遥感监测方法和下垫面实测序列资料，从生态环境指标的变化过程及规律入手，对蓄水工程环境效应的动态演变进行解析。

（3）利用 Landsat、国产高分等不同遥感传感器数据采集系统，构建蓄水工程建设条件下生态环境遥感监测指标时空分布格局和序列数据库，并定量分析蓄水工程对生态环境的影响。

3. 蓄水工程生态环境效应综合评价模型研究

（1）运用综合分析方法，筛选生态环境效应关键因子，构建蓄水工程生态环境效应综合评价指标体系。

（2）基于层次分析理论，按照目标层、准则层、指标层三级层次结构，构造判断矩阵，计算分析评价因子的权重系数。

（3）基于评价指标体系和评价因子权重系数，构建蓄水工程生态环境效应综合评价模型。

4. 内蒙古典型蓄水工程生态环境效应评价研究

（1）对照生态环境效应评判等级（不利影响、一般影响、有利影响），开展内蒙古典型蓄水工程生态环境效应评价研究。

（2）针对蓄水工程建设对生态环境产生的不利影响，剖析其产生主因，开展相应的保护措施与应对对策研究。

（3）紧密围绕内蒙古生态优先绿色发展新理念，立足水利行业强监管的总基调，开展内蒙古蓄水工程生态环境遥感监测与效应评价方案研究。

1.3.2　技术路线

采用遥感信息技术与样点监测相结合的手段，通过对德日苏宝冷水库（辽河流域）、乌拉盖水库（内陆河流域）、西柳沟坝系工程（黄河流域）3 个蓄水工程建设前后的生态环境效应（包括水生态、水资源利用、气候变化、土地利用、植被等）关键因子识别与动态演变方向路径研究，建立了典型蓄水工程建设条件下水土环境因子时空分布格局和序列数据库，构建了蓄水工程生态环境效应综合评价指标体系和模型。技术路线如图 1-1 所示。

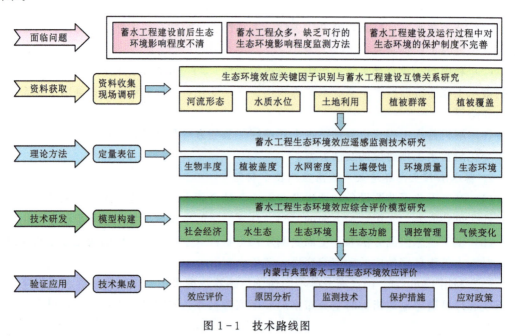

图 1-1　技术路线图

1.4　生态环境效应遥感监测技术与方法

1.4.1　关键因子识别与蓄水工程互馈关系分析

尽管现有的识别关键因子的方法诸多，但归纳起来无非三类：①主要依赖研究者主观判定的一类方法，此类"主观认定法"往往随意性较大，且无一定程序，选定的结果受研究视角影响极不规范；②间接推断法，借助技术经济或环境经济分析以及经济决策或管理工作中常用的"灵敏度"（又称"敏感性"）分析方法，可以间接找出对结果起关键作用的因子；③直接寻找法，比如两两比较的层次分析法（Analytic Hierarchy Process，AHP）。相比主观认定法与间接推断法，直接寻找法显得比较客观，也有一定的程序，直接寻找法在前期充分考虑专家专业性和研究视角的全面性，在严谨的数学演算下，往往能得出较为客观、真实的结果，备受研究者推崇与应用。为此，针对蓄水工程建设影响区域的水、土、气、生等生态环境效应，本书拟通过层次分析法确定蓄水工程影响生态环境效应的关键因子。

层次分析法（AHP）是由美国匹兹堡大学教授萨蒂提出的一种层次权重决策分析方法，它是指将一个复杂的多目标决策层分解为多个目标，通过定性指标模糊量化方法算出层次单排序（权数）和总排序。大致分为四个步骤：

（1）建立系统层次结构。分析系统中各因素间的关系，确定系统层次结构。具体就是将决策分解为目标层、准则层、指标层三个层次。

目标层：蓄水工程建设的生态环境效应关键因子识别。

准则层：对目标层的大类分解，包括水文、土地、气候、生境4大类。

指标层：对准则层的具体细化。如水文包括了水资源量、水域水质、水网密度、径流量、可利用水量、地下水位、水域温度、河岸稳定、水域面积、水源涵养等。

（2）构造判断矩阵。对同一层次各要素关于上一层次中某一准则的重要性进行两两比较，构造两两比较的判断矩阵。指标间的相对重要性采用1～9的标度，1～9数字表示的含义见表1-1。

表 1-1　　　　　　　　　　　　　重 要 性 对 比 值

重要性对比值	含　义	重要性对比值	含　义
1	表示两个元素相比，具有同等重要性	9	表示两个元素相比，前者比后者极端重要
3	表示两个元素相比，前者比后者稍重要	2、4、6、8	表示上述判断的中间值
5	表示两个元素相比，前者比后者明显重要	倒数	若因子 i 与因子 j 的重要性之比为 a_{ij}，
7	表示两个元素相比，前者比后者强烈重要		则因子 j 与因子 i 的重要性之比为 $1/a_{ij}$

具体的含义见表1-2。蓄水工程建设影响生态环境效应，"3"表示水文影响比土地影响稍重要，如果认为土地影响比对水文影响稍重要，此处填1/3；"1/5"表示土地影响对水文影响明显重要，如果认为水文影响比气候影响明显重要，此处填5；"2"表示水文影响比生境影响介于同等和稍重要之间。

表 1-2　　　　　　　　　　　　　目标层重要性评价表

目标层	水文 B1	土地 B2	气候 B3	生境 B4
水文 B1	1	3	1/5	2
土地 B2	—	1		
气候 B3	—	—		
生境 B4	—	—		1

（3）重要性排序计算及其一致性检验。n 阶判断矩阵有下面性质：当具有完全一致性时，最大特征值 $\lambda_{\max}=n$ 其余的特征向量为零；当矩阵不完全一致性检验时，$\lambda_{\max}>0$。

如果判断矩阵具有满意的一致性，基于层次分析法得出的结论就是合理的。就可以把 $\lambda_{\max}$ 与 n 用作一致性检验的指标。

1）当判断矩阵具有完全一致性时，$\lambda_{\max}=n$，$CI=0$，当 $\lambda_{\max}$ 不等于0，$CI\neq0$，判断矩阵不具有完全一致性。CI 为一致性指标，其计算公式为

$$CI = \frac{\lambda_{\max} - n}{n - 1}$$

2）通过查找随机一致性指标表，确定相应的平均随机一致性检验 RI。RI 是对 $n = 1 \sim 9$ 阶个 500 个随机样本矩阵计算其一致性指标 CI 的值，然后平均得到 RI 系数，见表 1-3。

表 1-3　　　　　　　　　　　　　随机一致性指标

判断矩阵阶数	1	2	3	4	5	6	7	8	9	10	11	12
RI	0.01	0.00	0.58	0.90	1.12	1.24	1.32	1.41	1.45	1.49	1.52	1.54

3）计算一致性比例 CR。当 $\lambda_{\max} = n$ 时，$CI = 0$，完全一致；CI 值越小，一致性检验就越好，因为随机因素可导致一致性的偏离，所以在检验的时候，要将 CI 与平均随机一致性指标 RI 比较，得出检验数 CR。

$$CR = \frac{CI}{RI}$$

当 $CR < 0.1$ 时，可以接受一致性检验；当 $CR > 0.1$ 时，需要对判断矩阵进行适当修正。因此，可用下面的公式计算判断矩阵的最大特征根 $\lambda_{\max}$：

$$\lambda_{\max} = \sum_{i=1}^{n} \frac{(AW)_i}{n w_i}$$

（4）层次总排序。计算同一层次所有因素对于最高层（总目标）相对重要性的排序权值，称为层次总排序。这一过程是由最高层到最低层逐层进行的，若上一层次 B 包含 m 个因素 $B_1, B_2, \cdots, B_m$，其层次总排序的权值分别为 $b_1, b_2, \cdots, b_m$，下一层次包含 n 个因素 $C_1, C_2, \cdots, C_m$，它们对于因素 B_j 的层次单排序的权值分别为 $c_{1j}, c_{2j}, \cdots, c_{mj}$，（当 C_k 与 B_j 无联系时，取 $c_{kj} = 0$），此时 C 层次总排序的权值由表 1-4 给出。

表 1-4　　　　　　　　　　　　层次法总排序权重

层次 C ＼ 层次 B	$B_1, B_2, \cdots, B_m$	C 层次总排序数值
	$b_1, b_2, \cdots, b_m$	
C_1	$C_{11}, C_{12}, \cdots, C_{1m}$	$\sum\limits_{j=1}^{m} b_j c_{1j}$
C_2	$C_{21}, C_{22}, \cdots, C_{2m}$	$\sum\limits_{j=1}^{m} b_j c_{2j}$
$\vdots$	$\vdots$	$\vdots$
C_n	$C_{n1}, C_{n2}, \cdots, C_{nm}$	$\sum\limits_{j=1}^{m} b_j c_{nj}$

类似地，如果 C 层次某些因素对于 B 单排序的一致性指标为 CR_j，相应的平均随机一致性指标为 RI_j，则 C 层次总排序随机一致性比率为

$$CR = \frac{\sum\limits_{j=1}^{m} b_j \cdot CI_j}{\sum\limits_{j=1}^{m} b_j \cdot RI_j}$$

当 $CR<0.1$ 时，认为层次总排序结果具有满意的一致性，否则就需要重新调整判断矩阵的元素取值。

1.4.2 生态环境效应遥感监测技术

采用下垫面监测设备和地面调查方法，获取遥感监测数据和下垫面实测序列资料，结合需水工程研究区生态环境特征，遵循主导性、可获取性、实用性三方面的原则，从水、土、气、生四个维度分析生态环境动态变化，利用 Landsat、国产高分等不同遥感传感器数据采集系统，构建蓄水工程建设条件下生态环境遥感监测指标时空分布格局和序列数据库，并对蓄水工程环境效应的动态演变进行解析，从而定量分析蓄水工程对生态环境的影响。

1.4.2.1 水关键因子遥感监测技术

1. 河流形态演变分析方法

按照 MNDWI 计算、阈值选取、斑块去除、格式转换、面积计算、踏勘验证等工作流程，通过人机交互解译法提取完成符合精度要求和统一空间参考的多期水体矢量要素数据集，如图 1-2 所示。河流水域遥感监测每 3~5 年监测一次。

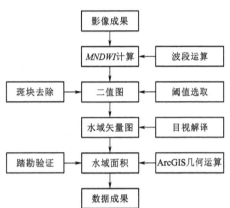

图 1-2 MNDWI 技术流程图

采用提取效果较好的改进的归一化差异水体指数法（MNDWI）进行水体信息提取，计算公式如下：

$$MNDWI = \frac{Green - MIR}{Green + MIR}$$

式中：Green 为绿光波段，对应 TM 影像的 Band2 或 OLI 影像中短波红外 Band1（SWIR1）；MIR 为中红外波段，对应 TM 影像的 Band5 或 OLI 影像的 Band6。计算后，水体的 MNDWI 值是正值，而植被和土壤的 MNDWI 值是零或者负值，据此能够将水体、植被和土壤区分开。

2. 河流水质因子遥感监测方法

随着遥感技术的发展，水质遥感研究步入水质定量反演、分析的阶段，最直接的表现是可监测的水质参数更细化。水质状况遥感监测实质是将遥感数据所包含的物理信息应用到水质监测研究当中，其关键内容则是遥感数据的发展。当前，多光谱、高光谱遥感数据是水质遥感使用最广泛的数据源，内容包括叶绿素、总磷、总氮、高锰酸盐、悬浮物 5 个水质参数。总体分析可知，可通过光谱数据（多光谱遥感数据、高光谱曲线）直接对这些水质参数进行光谱分析，例如悬浮物、叶绿素以及黄色物质；而一些参数如总磷、总氮或者高锰酸盐（COD_{Mn}）的光谱特征很难被独立发现，所以需要利用其与叶绿素之间的线性关系才能进行间接遥感分析。

根据遥感数据，采用 ENVI5.3 对 GF-2 影像数据进行预处理，包括辐射定标、大气校正、正射校正、图像配准、图像融合、图像无缝拼接、图像裁剪。水质综合状况遥感监测流程如图 1-3 所示。

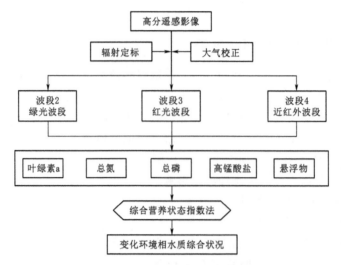

图 1-3　水质综合状况遥感监测流程图

对于有水的蓄水工程和坝系工程，利用水质反演模型对水体进行水体参数指标反演，根据反演结果，结合综合营养状态指数，判断水体营养状态。水质反演模型包括叶绿素、总磷、总氮、高锰酸盐、悬浮物、透明度 6 个水质参数。

（1）叶绿素 a 浓度反演模型如下：

$$\text{Chla} = 4.089 \times (\text{Band4/Band3})^2 - 0.746 \times (\text{Band4/Band3}) + 29.733$$

式中：Chla 为叶绿素 a 的浓度，mg/m^3；Band3 和 Band4 分别为 GF-2 影像在经过影像融合后的第 3 波段和第 4 波段的图像像元灰度值。

（2）总磷浓度反演模型如下：

$$\text{TP} = -0.00078 \times \text{Chla} + 0.0417$$

式中：TP 为总磷浓度，mg/L。

（3）总氮浓度反演模型如下：

$$\text{TN} = 3.166 - 0.03479 \times \text{Chla}$$

式中：TN 为总氮浓度，mg/L。

（4）高锰酸盐浓度反演模型如下：

$$\text{COD}_{\text{Mn}} = 0.050 \times \text{Chla} + 4.543$$

式中：COD_{Mn} 为高锰酸盐浓度，mg/L。

（5）悬浮物浓度反演模型如下：

$$\text{SS} = 119.62 \times (\text{Band3/Band2})^{6.0823}$$

式中：SS 为悬浮物浓度，mg/L；Band2 和 Band3 分别为 GF-2 影像在经过影像融合后的第 2 波段和第 3 波段的图像像元灰度值。

（6）透明度反演模型如下：

$$\text{SD} = 284.15 \times \text{SS} - 0.67$$

式中：SD 为透明度，cm。

水质评价的依据是《地表水环境质量标准》（GB 3838—2002）以及关于河流水质评价的文献，选用综合营养状态指数法进行水质评价。将反演后的叶绿素 a 浓度、高锰酸盐浓度、总磷浓度、总氮浓度、悬浮物浓度和透明度 6 个指标进行营养状态指数计算：

$$TLI(\text{Chla}) = 10(2.5 + 1.086\ln\text{Chla})$$
$$TLI(\text{COD}_{\text{Mn}}) = 10(0.109 + 2.661\ln\text{COD}_{\text{Mn}})$$
$$TLI(\text{TP}) = 10(9.436 + 1.624\ln\text{TP})$$
$$TLI(\text{TN}) = 10(5.453 + 1.694\ln\text{TN})$$
$$TLI(\text{SD}) = 10(5.118 - 1.94\ln\text{SD})$$

根据各参数的营养指数 $TLI(j)$ 和权重值 Wj，可计算所有参数的综合营养状态指数：

$$TLI(\Sigma) = \sum_{j=1}^{m} Wj \cdot TLI(j)$$

3. 水网密度指数

水网密度指数是指研究区域内水的丰富程度，通过遥感解译获得河流长度、湖库面积，评价当年水资源量则采用如下方法计算：

$$水资源量^* = \begin{cases} 水资源量 & \dfrac{水资源量}{水资源量_{年平均值}} \leqslant 1.4 \\ 水资源量_{年平均值} \times \left(2.4 - \dfrac{水资源量}{水资源量_{年平均值}}\right) & 1.4 < \dfrac{水资源量}{水资源量_{年平均值}} \leqslant 2.4 \\ 0 & \dfrac{水资源量}{水资源量_{年平均值}} > 2.4 \end{cases}$$

相关归一化系数参考《生态环境状况评价技术规范》（HJ 192—2015），其中河流长度的归一化系数为 84.3704083981，水域面积的归一化系数为 591.7908642005，水资源量的归一化系数为 86.3869548281。

上述指标、系数取值确定后，就可以对水网密度进行定量分析。计算公式如下：

$$I_{\text{riv}} = A_{\text{riv}} L_{\text{riv}} / S_{\text{stu}} + A_{\text{lak}} S_{\text{lak}} / S_{\text{stu}} + A_{\text{res}} V_{\text{res}} / S_{\text{stu}}$$

式中：A_{riv} 为河流长度的归一化系数；L_{riv} 为河流长度；S_{stu} 为研究区面积；A_{lak} 为湖库面积的归一化系数；S_{lak} 为湖库面积；A_{res} 为水资源量的归一化系数；V_{res} 为水资源量。

1.4.2.2 土关键因子遥感监测技术

1. 土地利用类型解译方法

土地利用类型主要依托 USGS 获取的 Landsat 影像展开分析。遥感解译主要使用 ENVI、Google Earth Engine（GEE）、ArcGIS 三个系统，通过 ENVI 与 ArcGIS 选取制作样本点，GEE 对影像进行分类处理，包括遥感光谱指数计算、合成，使用支持向量机方法对影像分类。将结果导出到本地后，使用 ArcGIS 对草地再分类并进行可视化表达。

Landsat 土地利用分类主要使用支持向量机方法。支持向量机（Support Vector Ma-

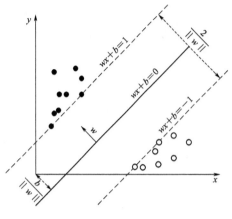

图1-4 支持向量机原理图

chines，SVM）是一种二分类模型，建立在统计学理论基础上的一种机器学习方法，它的基本模型是在特征空间中定义最大间隔的线性分类器，本质上是一个非线性分类器。SVM学习的基本思想是求解能够正确划分训练数据集并且几何间隔最大的分离超平面。如图1-4所示，$wx+b=0$即为分离超平面，对于线性可分的数据集来说，这样的超平面有无穷多个（即感知机），但是几何间隔最大的分离超平面却是唯一的。平行超平面之间的距离或间距越大，分类器总误差越小。

在解译过程中，德日苏宝冷水库、乌拉盖水库、西柳沟淤地坝系三个研究区的土地利用类型共包括耕地、林地、草地、水体、城乡工矿居民用地、未利用土地等6大类，以及耕地、林地、低覆被草地、中覆被草地、高覆被草地、水体、建设用地、其他建设用地和未利用地等9小类，具体见表1-5。

表1-5　　　　　　　　　　　　研究区土地利用分类表

大　类	影像特征	地物代码	大　类	影像特征	地物代码
耕地	耕地	1	水体	水体	4
林地	林地	2	城乡工矿居民用地	建设用地	5
草地	低覆被草地	31		其他建设用地	6
	中覆被草地	32	未利用土地	未利用地	7
	高覆被草地	33			

（1）样本选取和分类方案。

1）样本选取。样本点主要通过目视方式进行选取，结合内业分类与GlobalLand30分类产品制作样本点。样本点共有7个类别，包括耕地、林地、草地、水体、建设用地、其他建设用地和未利用地（见表1-6）。各个类别的样本数量不同（见图1-5），耕地样本点在研究区边缘呈块状分布，林地样本点主要分布在水库下游附近，草地样本点分布广泛，水体样本点主要分布在乌拉盖水库、水库上游和下游以及小型湖泊。建设用地样本点主要分布在三个城镇聚集点，其他建设用地样本点主要包括公路、铁路等，未利用地所占面积最少，仅在唯一的未利用地选取样本点。

表1-6　　　　　　　　　　　　分类样本点数量

地物类型	耕地	林地	草地	水体	建设用地	其他建设用地	未利用地
样本点数	1571	120	2480	274	268	140	81

2）分类方案。分类使用的波段是红波段、绿波段、蓝波段、近红外波段、短波红外波段Ⅰ、短波红外Ⅱ波段以及NDVI、NDWI、NDBI、MNDWI和LSWI遥感光谱指数（见表1-7）。

图 1-5　分类样本点分布

表 1-7　　　　　　　　　分 类 遥 感 指 数

指数名称	全　　称	公　　式
NDVI	Normalized Difference Vegetation Index	$NDVI = \dfrac{R_{nir} - R_r}{R_{nir} + R_r}$
NDWI	Normalized Difference Water Index	$NDBI = \dfrac{R_{green} - R_{nir}}{R_{green} + R_{nir}}$
NDBI	Normalized Difference Built – up Index	$NDBI = \dfrac{R_{swir} - R_{nir}}{R_{swir} + R_{nir}}$
MNDWI	Modified NDWI	$NDBI = \dfrac{R_{green} - R_{mir}}{R_{green} + R_{mir}}$
LSWI		$LSWI = \dfrac{R_{nir} - R_{swir}}{R_{nir} + R_{swir}}$

植被覆盖度 FVC 和 NDVI 之间存在极显著的线性相关关系，通常通过建立二者之间的转换关系，直接提取植被覆盖度信息。采用像元二分模型估算植被覆盖度，假设每个像元的 NDVI 值可以由植被和土壤两部分合成，则其计算公式如下：

$$FVC = \frac{NDVI - NDVI_s}{NDVI_v - NDVI_s}$$

式中：$NDVI_v$ 为植被覆盖部分的 NDVI 值；$NDVI_s$ 为土壤部分的 NDVI 值；FVC 为植被覆盖度。在实际计算过程中，分别用年内植被 NDVI 置信度 95% 和 NDVI 置信度 5% 代替 $NDVI_v$ 和 $NDVI_s$。

基于中国科学院土地利用覆被分类体系，根据植被覆盖度 FVC 值将草地分为高覆盖

13

度草地、中覆盖度草地和低覆盖度草地，分类方法见表1-8。

使用 ArcGIS 通过提取分类结果中的草地部分，并与对应覆盖度影像链接，通过覆盖度值对草地进行高中低划分，最后，草地再分类结果与原分类结果进行链接，得到最终分类结果。

表1-8　高中低覆盖度草地分类

分　类	植被覆盖度 FVC
低覆盖度草地	5%~20%
中覆盖度草地	20%~50%
高覆盖度草地	50%~100%

（2）精度评估。土地覆被分类结果采用总体精度 OA 和 Kappa 系数评估分类精度，计算公式如下：

$$OA = \frac{1}{N}\sum_{i=1}^{r} x_{ii}$$

$$\text{Kappa} = \frac{p_o - p_e}{1 - p_e}$$

式中：x_{ii} 为分类正确的样本数；N 为总样本数；p_o 为每一类正确分类的样本数量之和除以总样本数，也就是总体分类精度 OA；p_e 为每一类真实数量乘以该类预测数量的总和除以所有类别总数的平方。

2. 生境质量指数

通过单位面积上不同生态系统类型在数量上的差异，间接地反映研究区内生物丰富度。具体步骤为：①通过遥感解译，对地表覆盖进行分类，其中大类包括林地、草地、水域湿地、耕地、建筑用地、未利用地等，并计算各类型土地面积；②参照《生态环境状况评价技术规范》（HJ 192—2015），对生物丰度的分权重进行赋值，相关权重赋值见表1-9。

表1-9　生境质量指数各生境类型分权重

权重	林地			草地			水域湿地				耕地		建设用地			未利用地			
	0.35			0.21			0.28				0.11		0.04			0.01			
结构类型	有林地	灌木林地	疏林地和其他林地	高覆盖度草地	中覆盖度草地	低覆盖度草地	河流及渠	湖泊及水库	滩涂湿地	永久性冰川雪地	水田	旱地	城镇建设用地	农村居民点	其他建设用地	沙地	盐碱地	裸土地	裸岩石砾	其他未利用地
分权重	0.6	0.3	0.2	0.6	0.3	0.1	0.1	0.3	0.5	0.1	0.6	0.4	0.3	0.4	0.3	0.2	0.3	0.2	0.2	0.1

生境质量指数是指研究区域内生物的丰贫程度，利用生物栖息地质量和生物多样性综合表示，计算公式如下：

$$I_{bio} = A_{bio}(0.35S_{for} + 0.21S_{gra} + 0.28S_{wat} + 0.11S_{cro} + 0.04S_{bui} + 0.01S_{unu})/S_{stu}$$

式中：A_{bio} 为生境质量指数的归一化系数，参考值为 511.2642131067；S_{for} 为林地面积；S_{gra} 为草地面积；S_{wat} 为水域湿地面积；S_{cro} 为耕地面积；S_{bui} 为建设用地面积；S_{unu} 为未利用地面积；S_{stu} 为研究区面积。

3. 土壤侵蚀

（1）技术路线。经验性模型建立在大量观测和试验数据基础之上，对土壤侵蚀影响因素进行分析，采用数理统计的方法，从大量的试验观测数据中拟合出与土壤侵蚀模型的有关方程和参数。经验性模型在试验模拟地区具有较大的准确性和适用性，能反映本地区的特点，但在推广和外延时受到较大的限制。世界各国根据本地区的特点建立了大量的经验性土壤侵蚀模型，使用最为广泛的是美国通用土壤流失方程（USLE）。

USLE 方程土壤侵蚀强度计算公式如下：

$$A=KRSLPC$$

式中：A 为土壤侵蚀模数，$t/(hm^2 \cdot a)$；R 为降雨侵蚀力因子，$(MJ \cdot mm)/(hm^2 \cdot h \cdot a)$；$K$ 为土壤可蚀性因子，$(t \cdot h)/(MJ \cdot mm)$；$S$ 为坡度因子；L 为坡长因子；C 为植被覆盖管理因子；P 为水土保持措施因子。S、L、C、P 因子均为无量纲因子。

土壤侵蚀分析技术路线如图 1-6 所示。

（2）降雨侵蚀力因子（R）。根据《生产建设项目土壤流失量测算导则》（SL 773—2018）中关于植被破坏型一般扰动地表土壤流失量测算，按下式计算年降雨侵蚀力因子：

$$R_m=0.053p_m^{1.655}$$

式中：R_m 为年降雨侵蚀力因子，$(MJ \cdot mm)/(hm^2 \cdot h \cdot a)$；$p_m$ 为年降雨量，mm。

（3）土壤可蚀性因子（K）。对土壤可蚀性因子数据集进行投影重采样 30m，裁剪出研究区。根据数据集的数据说明，数据集在使用时除以 10000。

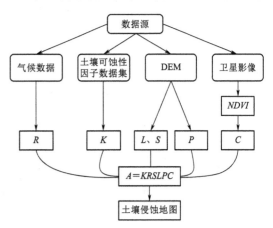

图 1-6　土壤侵蚀分析技术路线图

（4）坡度因子（S）。根据 Mocool 和刘宝元等的研究，坡长因子采用下式进行计算：

$$S=\begin{cases}10.8\sin\theta+0.03, & \theta<5° \\ 16.8\sin\theta-0.5, & 5°\leqslant\theta<10° \\ 21.9\sin\theta-0.96, & \theta\geqslant10°\end{cases}$$

式中：S 为坡度因子，无量纲；θ 为坡度，（°）。

（5）坡长因子（L）。根据刘宝元等的研究，坡度因子采用下式进行计算：

$$L=(\lambda/22.13)^m$$

式中：L 为坡长因子；m 为坡度因子；λ 为坡长，m。

（6）水土保持措施因子（P）。对于水土保持措施因子，采用 WENER 的经验模型法，通过假设 P 因子与地形特征具有相互关联性，建立 P 因子与坡度之间的线性关系，如下式：

$$P=0.2+0.03S$$

式中：P 为水土保持措施因子，无量纲；S 为坡度，%。

（7）植被覆盖管理因子（C）。挑选两年内质量较好的一幅 Landsat 影像计算 $NDVI$，利用两年一幅的 $NDVI$ 数据计算植被覆盖度，建立 C 因子与植被覆盖度 FVC 关系模型，如下式：

$$C=\begin{cases} 1 & V\leqslant0.001 \\ 0.6508-0.3436\lg V & 0.001<V\leqslant0.783 \\ 0 & V>0.783 \end{cases}$$

式中：C 为植被覆盖管理因子，无量纲；V 为植被覆盖度。

（8）土壤侵蚀分类标准。根据《土壤侵蚀分类分级标准》（SL 190—2007），依据土壤侵蚀模数将土壤侵蚀强度分为六级，见表 1-10。

表 1-10 我国土壤侵蚀分类分级标准

土壤侵蚀强度级别	微度侵蚀	轻度侵蚀	中度侵蚀	强烈侵蚀	极强烈侵蚀	剧烈侵蚀
分级标准 /[t/(km² · a)]	<200	200~2500	2500~5000	5000~8000	8000~15000	>15000

4. 土地胁迫指数

土地胁迫指数分权重见表 1-11。

表 1-11 土地胁迫指数分权重

类型	重度侵蚀	中度侵蚀	建设用地	其他土地胁迫
权重	0.4	0.2	0.2	0.2

相关归一化系数参考《生态环境状况评价技术规范》（HJ 192—2015），其中土地胁迫指数的归一化系数为 236.0425677948。

土地胁迫指数是指研究区域内土地质量遭受侵蚀的程度，计算公式如下：

$$I_{ero}=A_{ero}(0.4S_{he}+0.2S_{me}+0.2S_{bui}+0.2S_{oth})$$

式中：A_{ero} 为土地胁迫指数的归一化系数，取值为 236.0425677948；S_{he} 为重度侵蚀面积；S_{me} 为中度侵蚀面积；S_{bui} 为建设用地；S_{oth} 为其他土地胁迫。

1.4.2.3 气关键因子遥感监测技术

对收集到的研究区气象数据，基于地理信息系统（GIS），采用克吕格、反距离加权、样条等空间插值方法对下垫面气象数据进行空间插值，获得平均气温、平均最高气温、平均最低气温、最高气温、最低气温、平均相对湿度、最小相对湿度、日降水量、日照时数、月日照百分率、平均气压、平均水气压、平均地面温度、月平均最高地面温度、月平均最低地面温度、平均 5cm 地温、平均风速等。

干旱事件是指可用水量远少于长期记录的平均值时，会对生态系统、农业生产、水环境和人类活动造成一定损失的现象。研究采用具有多尺度和较强的灵活性的气象干旱指数，标准化降水指数 SPI 来表征德日苏宝冷水库流域、乌拉盖水库流域、西柳沟淤地坝系流域的气象干旱，研究依据《气象干旱等级》（GB/T 20481—2006）的定义，将 SPI 分为五个干旱等级，见表 1-12。

表 1 - 12				气象干旱等级分级表			
等级	分类	SPI 值	概率/%	等级	分类	SPI 值	概率/%
Ⅰ	湿润	$SPI > -0.50$	50.0	Ⅳ	重度干旱	$-1.99 \leqslant SPI \leqslant -1.50$	4.4
Ⅱ	轻度干旱	$-0.99 \leqslant SPI \leqslant -0.50$	34.1	Ⅴ	极度干旱	$SPI \leqslant -2.00$	2.3
Ⅲ	中度干旱	$-1.49 \leqslant SPI \leqslant -1.00$	9.2				

1.4.2.4 生关键因子遥感监测技术

1. 植被覆盖遥感监测方法

（1）植被指数的选取。植被指数（Vegetation Index），又称光谱植被指数，是指由遥感传感器获取的多光谱数据，经线性和非线性组合而构成的对植被有一定指示意义的各种数值（陈述彭 等，1990）。植被指数是根据植被反射波段的特性计算出来的反映地表植被生长状况、覆盖情况、生物量和植被种植特征的间接指标。

在构建植被指数时，通常的做法是利用植物光谱中的近红外波段和可见光红色波段这两个最典型的波段值。因为遥感近红外波段是绿色植物叶子健康状况最灵敏的标志，它对植被差异及植物长势反应最为敏感，指示着植物光合作用能否正常进行；而可见光红波段在绿色植物光合作用过程中被植物叶片中的叶绿素强烈吸收。所以，这两个波段的不同形式组合构成了植被指数的核心，即通常利用遥感影像的最典型波段值的不同形式组合形成植被指数。

植被指数的种类非常多，但主要依据以下原则选择植被指数：

1）能充分反映地表植被分布情况，且不存在饱和现象。

2）最大限度地排除大气等因素的干扰。

3）方便快捷，能满足实时操作的需要。

在常用的植被指数中，归一化植被指数 $NDVI$ 对土壤背景的变化较为敏感，随绿色植被覆盖度的增加而迅速增大，当覆盖度增加到一定程度时，绿度值增加缓慢，是植被空间分布较好的指示因子，适用于草地早、中期的监测。同时考虑 $NDVI$ 在实际应用中的成熟性，本书选用 $NDVI$ 植被指数作为植被监测的指标。

（2）计算方法。归一化植被指数 $NDVI$ 的表达式为

$$NDVI = (NIR - R)/(NIR + R)$$

式中：NIR 为近红外波段；R 为红光波段。

（3）分析流程。归一化植被指数 $NDVI$ 利用红外波段和热红外波段反射率计算，来反映下垫面植被覆盖状况，取值范围为 $NDVI \in [-1.0, 1.0]$。针对研究区近年 $NDVI$ 变化趋势，分析植被覆盖时空动态演变方向及路径，具体如图 1 - 7 所示。

2. 植被覆盖度指数

植被覆盖度指数用来评价研究区内林地、草地、农田、建设用地和未利用地五种类型的地表覆盖面积占研究区域的比重，可以反映研究区植被覆盖的程度。在地

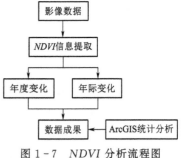

图 1 - 7 $NDVI$ 分析流程图

表生态环境的众多组成因子中，土地利用与土地覆被状况是最直观的，是生态环境状态的重要表征之一。

其中植被覆盖度指数的归一化系数，参考值为121.165124。有了上述权重及系数，就可以按照植被覆盖度指数计算公式对项目区进行定量计算分析。计算公式如下：

$$I_{veg} = A_{veg} \times NDVI_{均值}$$

式中：$NDVI_{均值}$为5—9月像元$NDVI$月最大值的均值。

3. 净初级生产力

净初级生产力是生态系统生产力的重要指标之一，反映了生态系统的生产能力，也是生态系统物质循环的基础。通过下载和处理Landsat-7、Landsat-8影像，计算得到2003—2022年德日苏宝冷水库、乌拉盖水库和西柳沟淤地坝系项目区净初级生产力的栅格影像。过对各流域内像素进行均值提取，获得2003—2022年三个项目区净初级生产力年均值。

4. 生态环境动态分析方法

通过上述生境质量指数、植被覆盖度指数、水网密度指数、土地侵蚀指数、环境质量指数的量化指标，就可以依据公式对研究区生态环境指数进行定量计算。

生态环境指数EI（Ecological Index）反映研究区生态环境质量状况，依据《生态环境状况评价技术规范》（HJ 192—2015）其计算公式如下：

生态环境状况指数（EI）＝0.35×生物丰度指数＋0.25×植被覆盖度指数
＋0.15×水网密度指数＋0.15×（100－土地胁迫指数）
＋0.10×（100－污染负荷指数）＋环境限制指数

结合项目区实际情况，项目主要研究水库建设对生态环境的影响，因此通过用生境质量指数代替生物丰度指数从而更准确地描述生态环境变化；同时研究区属于纯自然环境，没有工业生产及污染造成的烟尘排放、固体废弃物污染等问题，因此污染负荷指数不予考虑，其权重因子按照比例叠加于其他指数权重因子上；环境限制指数主要考虑区域内出现的严重影响人居生产生活安全的生态破坏和环境污染事项，研究区均不存在这一问题，因此不考虑环境限制因子。基于此，生态环境指数计算公式改造如下：

$$EI = 0.39I_{bio} + 0.28I_{veg} + 0.165I_{riv} + 0.165(100 - I_{ero})$$

式中符号意义如前。

3座蓄水工程中西柳沟淤地坝系属于拦沙坝工程，其主要作用是沟道治理，并不以维持水网作用为主，因此在对西柳沟淤地坝系进行生态环境指数计算时不考虑水网密度指数，并对生境质量指数、植被覆盖度指数、土地胁迫指数的权重系数进行重新分配，调整计算公式如下：

$$EI = 0.467I_{bio} + 0.335I_{veg} + 0.198(100 - I_{ero})$$

上述生境质量指数、植被覆盖度指数、水网密度指数、土地侵蚀指数、环境质量指数的量化指标，就可以依据公式对研究区生态环境指数进行定量计算。

EI数值范围为0～100，根据生态环境状况指数，将生态环境分为五级，即优、良、一般、较差和差（见表1-13）。结合研究区土地利用变化、植被覆盖变化、土壤侵蚀变化等遥感解译信息，定量分析蓄水工程对生态环境的影响。

将生态环境状况变化幅度进行分级，即无明显变化、略有变化、明显变化、显著变化，具体分析见表 1-14。

表 1-13　　　　　　　　　　生 态 环 境 状 况 分 级

级别	优	良	一般	较差	差
指数	$EI \geqslant 75$	$75 > EI \geqslant 55$	$55 > EI \geqslant 35$	$35 > EI \geqslant 20$	$20 > EI$
描述	植被覆盖度高、生物多样性丰富，生态系统稳定	植被覆盖度较高、生物多样性较丰富，适合人类生活	植被覆盖度中等、生物多样性一般水平，但有不适合人类生活的制约性因子出现	植被覆盖度较差、干旱少雨，物种较少，存在着明显限制人类活动的因素	条件较恶劣，人类生活受到限制

表 1-14　　　　　　　　　　生 态 环 境 状 况 分 级

级别	稳定	波动	较大波动	剧烈波动
变化值	$1 > |\Delta EI|$	$3 > |\Delta EI| \geqslant 1$	$8 > |\Delta EI| \geqslant 3$	$|\Delta EI| \geqslant 8$
描述	生态环境质量状况稳定	生态环境状况呈现波动特征	生态环境状况呈现较大波动特征	生态环境状况剧烈波动

1.4.3　生态环境效应综合评价与预测

《生态环境状况评价技术规范》（HJ 192—2015）规定了生态环境状况评价指标体系和各指标计算方法。

标准适用于评价我国县域、省域和生态区的生态环境状况及变化趋势，其中，生态环境状况评价方法适用于县级（含）以上行政区域，生态功能区生态功能评价方法适用于各类生态功能区，城市生态环境质量评价方法适用于地级（含）以上城市辖区及城市群，自然保护区生态保护状况评价方法适用于自然保护区。

生态环境状况评价工作流程见图 1-8。

1.4.3.1　生态环境状况评价指标体系

研究人员通过查阅蓄水工程历史资料结合实地勘探调查，多次召开建立评价指标体系会议，通过系统分析，初步拟出评价指标体系后，进一步征询有关专家意见，对指标体系进行筛选、修改和完善，最终确定指标评价体系。

指标是综合反映生态环境影响某一方面情况的物理量，是评价的基本尺度和衡量标准，指标体系是生态环境综合评价的根本条件和理论基础。因各个国家或地区所处的自然、社会经济情况不同以及研究者所处的背景也不同，很难有统一的评价指标体系。因此建立指标体系的成功与否决定了评价效果的真实性和可行性。

针对某个具体水利建设项目，建立一个具有科学性、完备性及实用性的综合评价指标体系是一件复杂而又困难的工作。生态环境影响评价流程如图 1-9 所示。

建立评价指标体系一般要经过初步拟定阶段、专家评议筛选阶段和确定阶段，具体步骤如下：

（1）主体生态环境系统的分析。不同的区域，人类生态的构成是不一样的。有的以受人类不同程度影响的自然生态系统为主，如山地森林生态系统、草地生态系统；有的以人

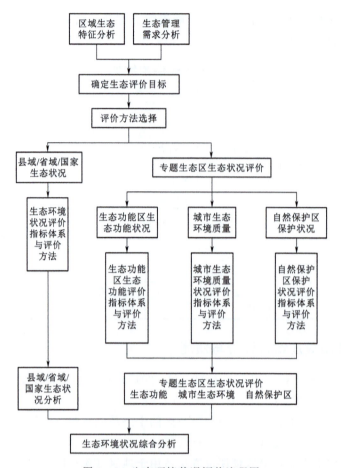

图 1-8 生态环境状况评价流程图

工生态系统为主,如农业生态系统、城市生态系统、工矿区生态系统等。在一个具体区域内能代表区域生态环境特征的生态系统称为主体生态系统,一般有一种或几种。主体生态系统的现状与变化趋势可以反映出整个区域生态环境的现状和变化。研究区域生态环境质量主体生态系统的分析是第一步,也是重要的一步,它涉及以后评价环节的准确性。

(2)目标分解。项目模糊层次综合评价应从整体最优原则出发,以局部服从整体、宏观与微观相结合、长远与近期相结合综合多种因素确定项目的总目标。对目标按其构成要素之间的逻辑关系进行分解,形成系统的、完整的评价指标体系。

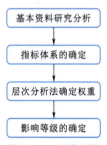

图 1-9 生态环境影响评价主要流程

(3)主导因子的确定。根据已确定的主体生态系统,确定制约生态环境质量的限制因子。根据因子间的相互关系、影响力、信息量与可靠性等确定主导因子。主导因子的确定是整个评价环节的关键。可采用信息统计法、专家打分法、SPSS软件中的主导因子法和因子分析法确定主导因子。

(4)确定评价指标体系。通过系统分析初步拟定评价指标体系后,应进一步征询有关专家意见,对指标体系进行筛选、修改和完善以最终确定指标体系。

20

1.4.3.2　评价指标体系确定的原则

生态环境指标的选取对评价结果的准确性以及有效性影响较大，因此，在指标选取的过程中必须更加客观、全面、有效。本书经过对三个流域的分析，在构建适合乌拉盖、德日苏宝冷、西柳沟坝系工程流域生态环境评价体系时应依据以下原则：

（1）科学性原则。评价结果的准确性以及真实性，首先需要建立在科学客观的基础上，在指标体系建立过程中，指标的选择以及权重系数的比例分配，均要有科学依据，即一定要满足科学性原则。

（2）独立性原则。虽然评价体系是一个整体，系统内部的各个指标和要素之间相互联系、相互共存，但是在表征某些具体指标时，其在内容上应该做到相互区别、互不影响、独立存在。

（3）完备性原则。在选取指标时，应该综合考虑评价系统中的各个方面，使选取的指标参数能够比较全面地反映评价区域系统的发展状况和特性。

（4）可操作性原则。在评价体系中并不是指标越多越好，选取时应综合考虑时间、工作量、资源以及技术要求，因此在确保指标完备性前提下选择具有代表性以及独立性的指标，同时剔除代表性不强的指标。

（5）多样性原则。在指标体系构建过程中不能仅有定量指标而没有定性指标，只有绝对指标而没有相对指标，只有价值指标而没有实物型指标，应该做到两者兼顾，这样才能使评价体系更加完善。

1.4.3.3　评价指标体系的建立和筛选

水利工程生态环境影响评价的指标体系应是对水利工程生态环境影响分析与评价的依据和标准，是综合反映项目本身和生态环境所构成的复杂系统的不同属性的指标，是按隶属关系、层次原则有序组成的集合。

水利工程生态环境质量评价有其特殊性，每个工程的特点和制约因素不同，其评价的方法和所选择的指标体系也就不同。本书建立的指标体系具有水利工程的普遍性。

本书确定指标体系的方法和程序具有综合性的特点。在进行评价的指标体系确定之前，也就是评价的主导因子确定之前，先进行主体生态系统的分析，分析所评价的生态环境到底由哪几部分生态系统所组成。

对于生态环境评价体系的建立，研究人员大多是依据自身经验以及研究区域的特点，选取适合本区域的指标进行评价，在《生态环境状况评价技术规范》（HJ/T 192—2015）中，详细说明了在构建生态环境评价体系时应选取哪些指标和各个指标的计算方法等。

本书通过对乌拉盖、西柳沟、德日苏宝冷水库研究区的分析，针对三个流域生态特点以及存在的生态环境问题，依据上述指标选取原则，参照 HJ/T 192—2015 将评价体系形成一个由目标层、方案层、因素层以及指标层组成的结构。其中目标层是对三个流域整体生态环境的综合评价；方案层则为选取用于整体评价的三大一类指标：社会经济影响、生态环境影响以及气候变化影响；因素层则是生态环境评价指标中更为具体的细节指标。本书确定指标体系的思路是：从影响生态环境质量的因素出发，理清各种因素之间的关系，深入分析影响生态环境质量的因素，再反过来具体地推导评价生态环境质量的指标体系。根据可持续发展理论确定的生态环境指标体系和《全国生态示范区建设规划编制培训教材》中提出的生态示范区建设规划指标体系。

根据水利工程生态环境影响评价涉及的内容，将生态环境效应综合评价作为最高层次（V层）的评判对象，把社会经济影响、生态环境影响以及气象变化三个子系统作为第二层次的评判对象（A层）；把组成要素，诸如人口、经济、社会、水资源、土地利用等作为第三层次（B层）的评判对象；把定居人数、人均 GDP、生境质量指数等作为第四层次（C层），完整评价体系见表1-15。

表1-15　　　　　　　　　　评 价 指 标 体 系

	方案层	因素层	指标层
典型蓄水工程生态环境效应综合评价（V）	社会经济影响（A1）	人口（B1）	定居人数（C1）
		经济（B2）	旅游效益（C21）
			工业效益（C22）
			人均 GDP（C23）
			农作物效益（C24）
			畜牧效益（C25）
	生态环境影响（A2）	水资源（B3）	水资源量（C31）
			河流长度（C32）
			水域面积（C33）
			湿地面积（C34）
			区域蒸散发（C35）
			年平均径流（C36）
			水质综合状况（C37）
		生态环境状况（B4）	生境质量指数（C41）
			植被覆盖指数（C42）
			环境质量指数（C43）
			生态遥感指数（C44）
			水域湿地面积比（C45）
		土地利用（B5）	土地胁迫指数（51）
			未利用土地面积（C52）
			草地覆盖面积（C53）
			建设用地（C54）
		蓄水保土功能（B6）	保土效益（C61）
			拦蓄水量（C62）
			下泄生态水量（C63）
		碳汇功能（B7）	净初级生产力 NPP（C71）
		拦沙减沙功能（B8）	输沙量（C81）
	气象变化（A3）	降雨（B9）	年降雨量（C91）
		气温（B10）	年平均气温（C101）
		干旱（B11）	干旱指数（C111）

1.4.3.4　评价权重计算方法

评价指标的权重采用层次分析法确定，根据层次分析法的步骤，首先根据建立的评价体系，综合判断每层次要素相对上一层次的影响程度的重要性，用 a_{ij} 表示 B_i 和 B_j 对 A 的影响之比，一般采用五级定量法给判断矩阵指标 a_{ij} 赋值，五级分为相等重要、稍重要、重要、很重要、特别重要，对此相应赋值为 1，3，5，7，9，而 2，4，6，8 用于重要性标度之间的中间值。至于一个指标显得比另一个指标不重要，则相应赋值为上述数字的倒数，即 1/3 表示较不重要、1/5 表示不重要、1/7 表示很不重要、1/9 表示特别不重要。

1.4.3.5　生态环境因子相关性分析

导致生态系统变化的因素分为自然因素和人为因素两大类。自然因素主要是气象、地形地貌、水资源等因子，这一类因子对生态环境的作用范围广，强度相对较缓，使生态系统存在一定的适应时间；人类因素主要包括经济活动、基础设施建设、生态修复工程等，人类影响的作用范围相对较小，但作用强度大，对生态系统的改变不可逆。分析评价得分及其相关影响因子的相关关系可以为水利工程产生的生态及社会影响提供科学依据和理论基础。

Spearman 秩相关系数可以认为是等级变量之间的 Person 相关系数对于样本容量为 n 的样本，n 个原始数据被转换成等级数据，原始数据依据其在总体数据中平均的降序位置分配一个相应等。Spearman 秩相关具有对异常值不敏感、数据不需满足正态性假设等优点，满足本研究的数据特征，故采用 Searman 秩相关来研究评价得分与环境因子的相关性。计算公式如下：

$$r_s = 1 - \frac{6\sum d_i^2}{n(n^2-1)}$$

式中：r_s 为秩相关系数，r_s 的取值范围在（−1，1）之间，绝对值越大相关性越强，取值符号表示相关的方向；d_i 为两变量每一对样本的等级之差；n 为样本容量。

1.4.4　监测时段

通过现场实地调研、资料收集，综合蓄水工程对当地生态环境的影响效应，选择工程建设前 10 年至 2023 年为监测时段，为充分对照工程建设前后变化，以水库运行、坝系运行为分界点，对工程建设前后期做了进一步界定，具体划分见表 1-16。

表 1-16　　　　　监测时段划分

类　　型	研究时段	建设前	建设后	备　　注
德日苏宝冷水库	2001—2023 年	2001—2010 年	2011—2023 年	2010 年建成
乌拉盖水库	1998—2023 年	1998—2004 年	2005—2023 年	1998 年毁坝，2004 年加固
西柳沟淤地坝系	1984—2023 年	1984—1993 年	1994—2023 年	多数淤地坝于 1993 年建成

第2章 研 究 区 概 况

2.1 典型蓄水工程概况

通过实地调研、专家咨询等方式，按照不同气候区、不同工程等级、不同功能属性原则，最终选定乌拉盖水库（内陆河流域）、德日苏宝冷水库（辽河流域）、西柳沟淤地坝系工程（黄河流域）为研究对象。

2.1.1 研究区概况

2.1.1.1 乌拉盖水库研究区

乌拉盖水库位于乌拉盖河上游，控制流域面积2597km²，占乌拉盖河流域的12.9%，占乌拉盖湿地流域的7.7%；坝址多年平均年径流量1.22亿m³，占乌拉盖河流域的41%，占乌拉盖湿地流域的28%。作为大（2）型水库，总库容2.5044亿m³，兴利库容1.584亿m³，调洪库容0.8004亿m³，正常蓄水位913.2m，汛限水位913.2m，设计洪水位913.3m。校核洪水位915.91m，最大库面积48km²。水库设计洪水标准为100年一遇，校核洪水标准为2000年一遇。水库的泄水建筑物包括1孔输水洞和2孔泄洪洞，输水洞泄流能力为70m³/s，泄洪洞泄流能力为17470m³/s。

乌拉盖水库始建于1977年，1980年投入运行，由内蒙古农牧场管理局负责规划、设计和管理。1998年8月，乌拉盖水库遭遇历史最大洪水，非常溢洪道被冲毁。2002年开始进行水毁修复，并划归锡林郭勒盟水利局直接管理，2004年11月工程完工。由于水库存在渗漏问题，需进行除险加固。2012年5月，内蒙古自治区发展改革委对该工程除险加固初步设计进行了批复，2015年6月起对水库进行除险加固，2018年12月竣工验收。

除险加固后乌拉盖水库的主要任务是以防洪、生态为主，兼顾旅游等综合利用。乌拉盖水库保护着东乌珠穆沁旗和乌拉盖管理区两地的6个苏木（乡镇）27个嘎查、3.75万人、草牧场近1000万亩，保护502省道等3条公路、2条铁路，以及蒙东输电线路、变电站、煤矿等基础设施的防洪安全。

研究人员收集、整理了乌拉盖水库2005—2021年运行期的年初开库水位、年初开库库容、年底封库水位、年底封库库容、运行期降水量、全年渗漏量、全年蒸发量、全年来水量、全年调度（下泄）水量等资料，详见表2-1。

表 2-1　　　　　　　　　　乌拉盖水库 2005—2021 年运行情况表

年份	运行期（月-日）	年初开库水位/m	年初开库库容/万 m³	年底封库水位/m	年底封库库容/万 m³	运行期降水量/mm	全年渗漏量/万 m³	全年蒸发量/万 m³	全年来水量/万 m³	全年调度（下泄）水量/万 m³
2005	04-16—11-08（206 天）	905.51	527.80	907.91	237.30	199.0	263.70	527.80	2825.80	—
2006	05-03—11-07（188 天）	907.85	2243.50	907.88	2271.70	147.2	545.60	1120.80	1886.90	—
2007	04-16—12-06（234 天）	907.71	2064.02	07.07	1327.36	149.5	545.60	745.85	705.85	—
2008	04-18—10-29（194 天）	906.83	1136.00	907.07	1327.36	269.9	459.26	560.57	1121.19	—
2009	04-16—10-03（198 天）	906.83	1136.00	907.81	2186.30	177.1	459.26	971.83	2471.45	—
2010	04-27—10-26（182 天）	907.58	1880.36	908.66	5579.344	218.1	613.47	1354.35	3667.05	—
2011	04-17—11-14（211 天）	908.43	3181.92	911.11	10044.47	391.6	843.36	860.72	8566.63	—
2012	04-20—11-03（197 天）	910.952	9563.68	910.82	9163.70	276.2	1197.20	925.45	7196.00	5473.70
2013	04-20—11-11（205 天）	910.77	9017.56	910.88	9348.28	354.1	1197.20	760.46	17966.00	15677.92
2014	04-02—11-06（218 天）	911.13	10108.57	907.00	1256.36	213.3	1197.20	660.47	8527.70	15522.24
2015	04-04—10-31（211 天）	906.93	1207.20	909.22	4681.82	212.5	1197.20	583.32	10051.09	4795.95
2016	04-01—10-27（210 天）	909.48	5225.32	906.77	1093.30	208.5	—	299.86	4159.19	7991.28
2017	04-07—11-02（209 天）	906.78	1100.40	907.74	2012.98	215.5	—	568.70	2941.53	1460.25
2018	04-15—11-05（204 天）	907.84	2351.88	908.90	3999.84	350.4	—	708.00	4678.96	2323.00
2019	04-10—11-14（218 天）	908.76	3757.55	909.36	4968.86	344.4	175.85	880.56	5395.83	3128.11
2020	04-10—11-03（207 天）	909.50	5269.02	911.20	10332.92	342.0	327.01	1707.88	11306.91	4208.12
2021	04-30—11-13（197 大）	911.02	9160.66	911.84	11835.35	412.6	341.28	1676.71	25918.81	21226.13

2.1.1.2　德日苏宝冷水库研究区

德日苏宝冷水库坝址位于西辽河干流西拉沐沦河的一级支流查干沐沦河上，是查干沐伦河干流唯一的骨干工程，距巴林右旗政府所在地大板镇 11km，为山麓形水库，库长

11km 左右，右岸山坡陡峭，左岸地势平缓，河谷最宽处达 3.5km，坝址处宽 600m 左右，库区河床高程为 590～608m，河道纵比降为 1.7‰，主槽宽 20～40m，偏左岸流动，没有明显的滩坎，水深较浅。查干沐沦河河长 212 km，流域面积 11502 km²，年平均径流量 33000 万 m³。水库控制流域面积 8427.4 km²，占全流域面积的 73.3%。水库设计总库容 9882 万 m³。工程总投资 3.93 亿元。水库工程规模为中型，工程等别为Ⅲ等，主要由主坝、副坝、防洪堤等建筑物组成。工程于 2007 年 8 月 6 日正式开工建设，2010 年 3 月 25 日落闸蓄水，2012 年 12 月 21 日完成竣工验收工作。水库的主要任务以生态保护、工业供水为主，兼顾灌溉等综合利用。水库可直接为巴林右旗工业园区每年提供 3028 万 m³ 的工业用水，通过合理调节工业供水能力可达到 4800 万 m³。目前为大板电厂年提供 120 万 m³ 的工业用水。水库在正常高水位 604.6m 运行时，可形成约 18km² 的水面。

　　研究人员收集、整理了德日苏宝冷水库 2010—2022 年的来水量、工业用水量、农业用水量、其他用水量、下泄水量等资料，详见表 2-2。

表 2-2　　　　　　　　　德日苏宝冷水库 2010—2022 年运行情况表

年份	来水量 /万 m³	工业用水量 /万 m³	农业用水量 /万 m³	其他用水量 /万 m³	下泄水量 /万 m³
2010	4091.00	0	1930.00		72.00
2011	28511.00	0	1930.00		25885.00
2012	12566.40	0	1930.00		7520.00
2013	13334.00	0	1930.00		10475.00
2014	8068.00	13.40	1930.00		6138.00
2015	9011.00	111.90	1930.00		6830.10
2016	7293.00	110.20	1930.00		5096.70
2017	11960.00	138.40	1930.00		10094.60
2018	4070.00	152.00	1930.00		4168.00
2019	7125.20	124.40	1930.00		4473.80
2020	8490.00	143.30	1930.00		4895.70
2021	27057.00	133.32	1326.00	23723.00	25049.00
2022	10972.58	142.17	1673.79	9619.39	14306.14

2.1.1.3　西柳沟淤地坝系工程研究区

　　水利部、内蒙古自治区鄂尔多斯市对水土保持工作十分重视，多年来连续投入资金对十大孔兑水土流失进行治理，先后开展了罕台川、毛不拉、西柳沟、黑赖沟等孔兑的治理，取得了较好的成效。其中西柳沟流域治理水土流失面积 27880hm²，治理程度 25.52%，共建设淤地坝 100 座，其中骨干坝 39 座，中型坝 31 座，小型坝 30 座，建设年限为 1993—2013 年。2018 年 2 月，水利部黄河水利委员会对《鄂尔多斯拦沙换水试点工程实施方案》(黄水保〔2018〕52 号)进行了批复，同意在黑赖沟和西柳沟两条流域建设拦沙坝 193 座，形成拦沙库容 8171 万 m³，可拦沙 11031 万 t，使用年限为 25 年。其中西柳沟已建成淤地坝 63 座，设计拦泥库容 4026.29 万 m³，总库容 6542.92 万 m³，拦沙量为 5435.49 万 t。主要布设于二级、三级支毛沟内。

　　西柳沟流域共建设淤地坝 163 座，其中 1993—2003 年水土保持治理工程建设淤地坝 100 座，2020 年后鄂尔多斯拦沙换水试点工程建设淤地坝 63 座，研究人员通过现场查勘、资料收集对 1993—2003 年水土保持治理工程建设的淤地坝的工程名称、工程类别、建成年份、控制面积、坝高、总库容、枢纽组成、位置、坝前最大淤积深度、淤积量等运行数据进行了调查，详见表 2-3。对 2020 年后鄂尔多斯拦沙换水试点工程建设的淤地坝的坝名、位置、坝长、坝高、坝宽及主要建筑物进行了调查，详见表 2-4。

表 2-3　　　　　　　　　水土保持治理工程建设的淤地坝运行情况表

工程名称	工程类别	建成年份	控制面积/hm²	坝高/m	总库容/万 m³	枢纽组成	东经	北纬	坝前最大淤积深度/m	淤积量/万 m³
白家沟	中型坝	2009	1.08	10.4	14.35	两大件	109°40′30″	39°52′02″	2.1	0.60
张关来渠	中型坝	2009	1.09	9	14.48	两大件	109°39′27″	39°52′07″	1.5	0.43
李家渠	中型坝	2009	1.02	8.7	13.55	两大件	109°39′10″	39°53′52″	2.3	0.75
严家渠	中型坝	2009	1.04	9.1	13.82	两大件	109°38′57″	39°54′24″	2	0.97
西柳沟掌	骨干坝	2003	17.01	13	219.91	两大件	109°32′12″	39°53′22″	3.1	38.06
高崖湾	骨干坝	2001	12.5	13.5	174.6	两大件	109°31′31″	39°54′13″	3.3	19.96
白家壕	骨干坝	2001	5	12	88.1	两大件	109°35′05″	39°54′40″	3.5	10.23
艾来五库沟	骨干坝	2008	3	12.3	70.3	两大件	109°40′54″	39°52′16″	3.8	10.91
耳字沟	骨干坝	2009	4.2	10.9	98.42	两大件	109°39′09″	39°52′22″	2.5	10.27
大不叉渠	小型坝	2009	0.27	7.3	2.29	一大件	109°40′27″	39°53′49″	1	0.15
刘奴渠	小型坝	2009	0.22	7.3	1.87	一大件	109°40′52″	39°52′36″	1.5	0.17
二来虎渠	小型坝	2009	0.54	7.4	4.59	一大件	109°39′10″	39°53′37″	1.8	0.99
王地渠	小型坝	2009	0.3	7.4	2.55	一大件	109°39′05″	39°54′15″	2	0.23
狼窝沟	骨干坝	2001	2.9	12	69.2	两大件	39°58′39″	109°37′57″	6.2	15.72
宋家沟	骨干坝	2003	4.5	10	91.8	两大件	39°57′26″	109°28′54″	5.8	17.96
吕家沟	骨干坝	1993	2.52	12.5	37.32	两大件	40°10′56″	109°42′59″	5.5	1.89
尉家渠 1 号	骨干坝	2006	3.6	13.6	78.94	两大件	40°03′07″	109°45′13″	4.7	23.19
尉家渠 2 号	骨干坝	2006	3.22	12.3	70.61	两大件	40°03′42″	109°45′39″	3.5	9.70
油房渠 1 号	骨干坝	2006	3.1	11.2	67.98	两大件	40°01′23″	109°45′46″	5.6	8.83
油房渠 2 号	骨干坝	2006	4.24	11.6	92.98	两大件	40°01′56″	109°46′17″	1.5	4.34
油房渠 3 号	骨干坝	2006	3.72	10.5	81.57	两大件	40°02′42″	109°46′18″	2.6	6.67
小乌兰斯太 1 号	骨干坝	2006	3.84	14.1	84.2	两大件	40°02′16″	109°47′58″	5.8	34.98
小乌兰斯太 2 号	骨干坝	2006	4.42	13.2	96.92	两大件	40°02′57″	109°48′24″	3.8	15.44
小乌兰斯太 3 号	骨干坝	2006	4.07	13.1	89.25	两大件	40°03′36″	109°48′50″	2.4	10.97

续表

工程名称	工程类别	建成年份	控制面积/hm²	坝高/m	总库容/万 m³	枢纽组成	东经	北纬	坝前最大淤积深度/m	淤积量/万 m³
李家塔	骨干坝	2006	3.06	16	67.1	两大件	40°03′55″	109°48′27″	6.9	26.05
奎银生沟	骨干坝	2006	3.05	14.8	66.88	两大件	40°06′10″	109°49′16″	5.9	18.77
王云后沟	骨干坝	2008	3.11	13.2	74.47	两大件	39°55′28″	109°43′36″	6.5	17.63
刘家塔	骨干坝	2008	3.17	15.6	75.91	两大件	39°58′21″	109°39′37″	6.6	27.82
哈他土1号	骨干坝	2010	4.41	14	110.5	两大件	39°56′49″	109°44′20″	5.1	24.62
朝报沟	骨干坝	2010	4.86	14.3	121.7	两大件	39°56′15″	109°40′39″	5.2	36.34
班家沟	骨干坝	2010	3.21	13.4	76.87	两大件	39°59′17″	109°41′15″	5.8	21.40
达字沟	骨干坝	2010	3.38	15.1	80.94	两大件	40°02′40″	109°40′39″	4.8	13.88
刀劳庆	骨干坝	2010	3.27	14.1	78.3	两大件	40°01′42″	109°10′05″	5.5	14.57
巴什兔1号	骨干坝	2010	3.25	15	81.4	两大件	39°59′41″	109°43′16″	4.2	10.93
巴什兔3号	骨干坝	2010	7.98	16.4	199.87	两大件	40°00′28″	109°41′36″	6.6	24.18
哈他土2号	骨干坝	2010	4.27	12.6	107	两大件	39°57′54″	109°43′56″	6.2	29.76
林家塔	骨干坝	2011	6.67	14	167.06	两大件	40°08′00″	109°48′50″	7.90	18.48
哈他土3号	骨干坝	2012	9.59	14.6	240.19	两大件	39°58′18″	109°41′13″	6.8	85.23
黑塔沟	骨干坝	2008	3.14	12.5	75.19	两大件	40°06′33″	109°43′18″	4.6	7.83
七十四沟	骨干坝	2008	3.13	16	74.95	两大件	40°07′30″	109°43′30″	4.8	11.04
母花沟	骨干坝	2008	3.25	13.2	77.83	两大件	40°08′19″	109°44′09″	4.1	9.40
昌汗沟1号	骨干坝	2010	6.56	14	164.3	两大件	40°00′34″	109°44′07″	5.2	28.02
昌汗沟2号	骨干坝	2010	3.97	12	99.43	两大件	40°01′31″	109°43′20″	1.8	3.88
榆树塔	骨干坝	2011	6.83	17.2	171.1	两大件	40°08′00″	109°48′50″	7.90	18.48
黑塔沟1号	骨干坝	2010	6.46	15.5	161.8	两大件	40°05′19″	109°45′03″	4.6	25.81
窝兔沟	骨干坝	2012	3.66	17.64	81.22	三大件	40°03′23″	109°47′32″	4.6	7.45
长顺沟	骨干坝	2013	3.75	17.6	81.77	三大件	40°09′41″	109°46′10″	7.5	10.90
宋家渠	中型坝	2006	1.05	10.9	12.30	两大件	40°03′06″	109°44′49″	6.90	4.86
油房渠1号	中型坝	2006	1.15	6.3	13.47	两大件	40°01′28″	109°46′13″	2.10	1.30
张家渠	中型坝	2006	1.06	11.2	12.42	两大件	40°04′02″	109°46′44″	6.20	5.16
小乌兰斯太1号	中型坝	2006	1.03	6.9	12.07	两大件	40°02′18″	109°48′27″	4.90	3.63
阳洼沟	中型坝	2006	1.55	10.4	18.16	两大件	40°04′39″	109°48′37″	5.20	1.82
股城沟	中型坝	2006	1.05	12.3	12.30	两大件	40°05′29″	109°47′41″	5.80	0.97
李家沟	中型坝	2007	1.11	8.9	15.01	两大件	39°55′50″	109°43′32″	4.20	2.44

续表

工程名称	工程类别	建成年份	控制面积/hm²	坝高/m	总库容/万 m³	枢纽组成	东经	北纬	坝前最大淤积深度/m	淤积量/万 m³
马家沟	中型坝	2007	2.3	10.1	31.10	两大件	39°56′24″	109°42′33″	5.20	7.28
黄濑沟	中型坝	2007	2.4	10.6	32.46	两大件	39°57′03″	109°41′31″	4.60	13.45
张双宝沟	中型坝	2010	1.04	9.2	14.06	两大件	39°57′09″	109°44′21″	4.20	4.17
谢家沟	中型坝	2010	1.31	9.6	17.72	两大件	39°56′01″	109°44′43″	3.90	3.53
霍家沟	中型坝	2010	1.1	8.5	14.88	两大件	39°58′47″	109°42′19″	2.80	0.57
塔梁	中型坝	2010	1.37	9.3	18.53	两大件	40°00′00″	109°40′40″	2.80	2.67
塔湾南	中型坝	2010	1.02	10.3	13.79	两大件	40°01′47″	109°39′16″	5.80	2.25
杨家渠	中型坝	2010	2.26	10.9	30.56	两大件	40°01′03″	109°41′03″	5.20	3.26
张二沟	中型坝	2007	1.29	9	17.44	两大件	40°01′48″	109°43′37″	4.20	6.00
裴家沟	中型坝	2007	1.58	12	21.37	两大件	40°03′34″	109°43′20″	2.20	0.71
李家沟	中型坝	2007	1.41	10.2	19.07	两大件	40°02′56″	109°42′55″	5.20	3.55
平房堰	中型坝	2007	2.21	10.8	29.89	两大件	40°04′20″	109°44′55″	3.20	2.91
转机塔1号	中型坝	2007	2.4	10.8	32.46	两大件	40°04′46″	109°43′22″	5.30	10.71
碾房渠	中型坝	2007	1.46	9.3	19.74	两大件	40°08′33″	109°44′17″	4.20	3.42
侉子沟	中型坝	2010	1.39	13.4	18.8	两大件	40°06′35″	109°43′57″	5.30	3.05
色布沟	中型坝	2010	1.85	11.7	25.02	两大件	40°05′29″	109°44′36″	4.80	4.05
裴四沟	中型坝	2010	1.58	12	21.37	两大件	40°02′20″	109°43′43″	1.60	0.35
苏家圪台	中型坝	2010	1.6	9.1	21.64	两大件	40°09′03″	109°43′35″	5.10	4.19
榆树塔	中型坝	2010	1.29	9.2	17.44	两大件	40°09′16″	109°40′49″	2.40	0.20
张源会沟	中型坝	2012	1.88	13.7	47.35	两大件	40°08′19″	109°47′32″	4.10	2.55
小乌兰斯太2号	小型坝	2006	0.78	9.70	5.70	一大件	40°02′33″	109°47′50″	2.4	1.21
小乌兰斯太3号	小型坝	2006	0.78	7.70	5.70	一大件	40°03′11″	109°49′03″	3.9	1.61
李家塔1号	小型坝	2006	0.50	8.80	3.66	一大件	40°04′24″	109°47′55″	4.8	1.25
海子塔2号	小型坝	2006	0.51	8.70	3.73	一大件	40°04′22″	109°46′33″	5.2	1.38
海子塔1号	小型坝	2006	0.48	7.70	3.51	一大件	40°04′07″	109°46′24″	5.8	0.25
郝成圪堵	小型坝	2010	0.37	6.30	3.20	一大件	39°56′44″	109°42′44″	3.1	0.30
林家塔	小型坝	2010	0.60	5.20	5.20	一大件	39°55′33″	109°41′26″	3.9	0.29
吴家渠	小型坝	2010		5.50		一大件	39°55′36″	109°41′52″	0	0.00
高家梁	小型坝	2010	0.58	7.10	5.02	一大件	39°57′46″	109°41′54″	2.8	0.91
问家塔	小型坝	2010	0.51	6.00	4.42	一大件	39°58′07″	109°41′10″	3.9	0.77
刘家塔对正	小型坝	2007	0.88	6.20	7.62	一大件	39°58′60″	109°40′30″	4.4	1.25

续表

工程名称	工程类别	建成年份	控制面积/hm²	坝高/m	总库容/万 m³	枢纽组成	东经	北纬	坝前最大淤积深度/m	淤积量/万 m³
小哈他土 2 号	小型坝	2010	0.64	7.90	5.54	一大件	39°57′03″	109°43′32″	3.5	0.27
小哈他土 1 号	小型坝	2010	0.70	7.90	6.06	一大件	39°56′29″	109°45′08″	3.2	0.67
小哈他土 3 号	小型坝	2010	0.92	7.60	7.97	一大件	39°58′35″	109°43′29″	2.4	0.37
温家沟	小型坝	2007	0.56	7.10	4.85	一大件	40°00′12″	109°41′52″	3.9	1.19
达字沟 1 号	小型坝	2007	0.98	7.50	8.49	一大件	40°00′56″	109°42′27″	2.7	0.54
巴什兔 2 号	小型坝	2007	0.68	5.50	5.89	一大件	40°00′34″	109°42′38″	2.9	1.03
巴什兔 1 号	小型坝	2007	0.52	5.90	4.50	一大件	39°58′55″	109°44′11″	3.2	0.72
长沟	小型坝	2007	0.65	8.80	5.63	一大件	40°01′25″	109°43′55″	1.3	1.15
烂庙渠	小型坝	2007	0.70	8.00	6.06	一大件	40°02′14″	109°42′25″	3.9	1.63
烂庙渠南沟	小型坝	2007	0.40	7.30	3.46	一大件	40°01′57″	109°42′49″	3.8	0.50
糜地渠	小型坝	2007	0.67	7.80	5.80	一大件	40°03′18″	109°42′44″	3.8	0.21
班山沟	小型坝	2007	0.79	6.00	6.84	一大件	40°00′13″	109°43′09″	3.8	1.13
色不沟	小型坝	2010	0.93	9.80	8.06	一大件	40°04′42″	109°44′47″	4.6	0.67
账房湾 1 号	小型坝	2010	0.61	9.60	5.28	一大件	40°08′06″	109°45′44″	3.3	0.68
账房湾 2 号	小型坝	2010	0.75	7.30	6.50	一大件	40°08′10″	109°45′00″	3.8	0.35

表 2-4 　　　　　　　拦沙换水工程新建淤地坝情况表

序号	坝名	坝址区坐标		坝体参数			主要建筑物
		经度	纬度	坝长/m	坝高/m	坝宽/m	
1	艾拦 5 小型拦沙坝	109°38′1.72″	39°55′39.65″	216.9	10	4	坝体、放水工程和溢洪道
2	艾拦 8 小型拦沙坝	109°36′30.53″	39°56′49.90″	190.4	12	4	坝体、放水工程和溢洪道
3	朝报墕小型拦沙坝	109°38′7.60″	39°55′27.20″	195.7	10.5	4	坝体、放水工程和溢洪道
4	哈拦 1 小型拦沙坝	109°44′4.95″	39°52′55.22″	263.5	11.5	4	坝体、放水工程和溢洪道
5	哈拦 2 小型拦沙坝	109°42′53.86″	39°53′41.95″	258.4	13	4	坝体、放水工程和溢洪道
6	洪炭沟小型拦沙坝	109°30′36.70″	40°00′45.04″	145.5	11	4	坝体、放水工程和溢洪道
7	鸡骨 1 中型拦沙坝	109°37′31.63″	39°51′9.97″	295.7	13	4	坝体、放水工程和溢洪道
8	鸡骨 4 中型拦沙坝	109°37′18.01″	39°52′6.76″	283.7	12.5	4	坝体、放水工程和溢洪道
9	李家渠小型拦沙坝	109°48′9.99″	40°04′36.14″	116.8	13	4	坝体、放水工程和溢洪道
10	李拦 1 小型拦沙坝	109°34′53.80″	39°59′8.08″	223	13.5	4	坝体、放水工程和溢洪道
11	马骨 1 小型拦沙坝	109°34′12.02″	40°05′31.08″	201.4	11.5	4	坝体、放水工程和溢洪道
12	马拦 1 中型拦沙坝	109°32′38.62″	40°03′60.00″	351.1	15	4	坝体、放水工程和溢洪道
13	马拦 4 小型拦沙坝	109°34′4.21″	40°04′49.57″	150.8	12	4	坝体、放水工程和溢洪道

序号	坝名	坝址区坐标		坝体参数			主要建筑物
		经度	纬度	坝长 /m	坝高 /m	坝宽 /m	
14	马拦5小型拦沙坝	109°35′29.99″	40°04′24.30″	190.6	11.5	4	坝体、放水工程和溢洪道
15	牛骨1中型拦沙坝	109°32′55.15″	39°55′22.42″	334	14	4	坝体、放水工程和溢洪道
16	牛家沟1号中型拦沙坝	109°32′10.03″	40°03′13.36″	323.4	15	4	坝体、放水工程和溢洪道
17	赛骨1中型拦沙坝	109°37′44.42″	39°58′7.34″	194.4	13	4	坝体、放水工程和溢洪道
18	赛乌素沟小型拦沙坝	109°38′38.52″	39°56′13.21″	221.7	11	4	坝体、放水工程和溢洪道
19	色骨1中型拦沙坝	109°32′4.67″	40°01′53.97″	286.2	16	4	坝体、放水工程和溢洪道
20	色拦1-1小型拦沙坝	109°28′21.46″	39°58′27.35″	128.6	13.5	4	坝体、放水工程和溢洪道
21	色拦1-2小型拦沙坝	109°28′21.75″	39°58′20.04″	107.2	15.5	4	坝体、放水工程和溢洪道
22	色拦4小型拦沙坝	109°29′54.40″	39°58′30.23″	158.6	13.5	4	坝体、放水工程和溢洪道
23	色拦6小型拦沙坝	109°29′12.88″	39°59′35.71″	198	14	4	坝体、放水工程和溢洪道
24	色拦10小型拦沙坝	109°30′14.18″	40°00′36.08″	130.1	10.5	4	坝体、放水工程和溢洪道
25	色拦12小型拦沙坝	109°32′18.56″	39°59′55.50″	153.9	12	4	坝体、放水工程和溢洪道
26	色拦13小型拦沙坝	109°32′11.65″	40°00′56.84″	177.6	11	4	坝体、放水工程和溢洪道
27	石拦1小型拦沙坝	109°36′34.25″	40°06′55.90″	195.1	14	4	坝体、放水工程和溢洪道
28	宋拦1小型拦沙坝	109°27′43.59″	39°56′32.47″	251.7	13	4	坝体、放水工程和溢洪道
29	乌拦1小型拦沙坝	109°47′19.04″	40°04′48.94″	113.3	14.5	4	坝体、放水工程和溢洪道
30	乌拦3小型拦沙坝	109°48′36.68″	40°07′27.81″	118.3	16	4	坝体、放水工程和溢洪道
31	乌拦4小型拦沙坝	109°47′18.66″	40°09′2.42″	142.3	14	4	坝体、放水工程和溢洪道
32	羊拦2小型拦沙坝	109°33′41.90″	39°57′21.11″	176.7	10	4	坝体、放水工程和溢洪道
33	羊全壕小型拦沙坝	109°32′58.19″	40°06′5.92″	284.6	15.5	4	坝体、放水工程和溢洪道
34	油房渠2号小型拦沙坝	109°46′12.76″	40°01′28.33″	189.6	11.5	4	坝体、放水工程和溢洪道
35	油拦1小型拦沙坝	109°37′50.22″	40°08′50.37″	251.6	15	4	坝体、放水工程和溢洪道
36	艾拦1小型拦沙坝	109°39′8.45″	39°53′17.16″	190.5	11.5	4	坝体、放水工程和溢洪道
37	艾拦3小型拦沙坝	109°39′39.41″	39°55′1.47″	158.8	9.5	3	坝体、放水工程和溢洪道
38	艾拦4小型拦沙坝	109°37′35.66″	39°54′41.18″	234	11	4	坝体、放水工程和溢洪道
39	巴骨1中型拦沙坝	109°34′32.19″	39°55′42.59″	203.4	14.5	4	坝体、放水工程和溢洪道
40	大树沟小型拦沙坝	109°31′17.06″	40°00′43.69″	155	11	4	坝体、放水工程和溢洪道
41	代家渠小型拦沙坝	109°49′27.29″	40°03′39.94″	145.5	10.5	4	坝体、放水工程和溢洪道
42	店骨1中型拦沙坝	109°40′12.41″	40°08′0.41″	275.4	14	4	坝体、放水工程和溢洪道
43	垛子梁中型拦沙坝	109°36′12.62″	39°53′13.76″	433	14.5	4	坝体、放水工程和溢洪道
44	哈拦4小型拦沙坝	109°42′58.75″	39°54′18.87″	198.2	12	4	坝体、放水工程和溢洪道
45	黑拦1小型拦沙坝	109°45′0.10″	40°05′39.44″	185.2	13	4	坝体、放水工程和溢洪道
46	黑拦3小型拦沙坝	109°43′46.53″	40°07′5.34″	185.3	13.5	4	坝体、放水工程和溢洪道

续表

| 序号 | 坝名 | 坝址区坐标 | | 坝体参数 | | | 主要建筑物 |
		经度	纬度	坝长/m	坝高/m	坝宽/m	
47	黑拦 5 小型拦沙坝	109°43′18.00″	40°07′53.56″	211.6	13.5	4	坝体、放水工程和溢洪道
48	红柳湾中型拦沙坝	109°44′39.82″	40°09′41.54″	193.4	17.5	4	坝体、放水工程和溢洪道
49	马拦 3 中型拦沙坝	109°33′0.87″	40°04′31.22″	242.2	15	4	坝体、放水工程和溢洪道
50	勉拦 1 小型拦沙坝	109°34′15.80″	39°58′9.27″	174.7	11.5	4	坝体、放水工程和溢洪道
51	石骨 1 中型拦沙坝	109°35′3.46″	40°07′9.06″	273.7	14.5	4	坝体、放水工程和溢洪道
52	牛家沟 2 号小型拦沙坝	109°33′0.55″	40°02′59.14″	261	12	4	坝体、放水工程和溢洪道
53	裴四沟小型拦沙坝	109°43′42.65″	40°02′17.21″	150.6	11	4	坝体、放水工程和溢洪道
54	赛骨 2 中型拦沙坝	109°37′24.51″	39°57′30.76″	356.6	15.0	4	坝体、放水工程和溢洪道
55	赛拦 1 小型拦沙坝	109°38′26.11″	39°59′19.81″	240.9	10.0	4	坝体、放水工程和溢洪道
56	色拦 2 小型拦沙坝	109°28′38.91″	39°58′39.78″	157.4	13.5	4	坝体、放水工程和溢洪道
57	色拦 3 小型拦沙坝	109°29′12.08″	39°59′0.47″	133.8	14.5	4	坝体、放水工程和溢洪道
58	色拦 7 小型拦沙坝	109°29′26.69″	39°59′48.74″	156.1	14.5	4	坝体、放水工程和溢洪道
59	乌兰骨 1 中型拦沙坝	109°37′49.25″	40°09′49.77″	269.7	15.5	4	坝体、放水工程和溢洪道
60	张家坡中型拦沙坝	109°41′3.52″	40°01′1.71″	216.9	14.5	4	坝体、放水工程和溢洪道
61	刘家塔中心拦沙坝	109°39′29.58″	39°58′20.40″		9.19	4	坝体、放水工程和溢洪道
62	班家沟中型拦沙坝	109°41′14.72″	39°59′16.63″		9.14	4	坝体、放水工程和溢洪道
63	张源会沟中型坝	109°47′32.38″	40°08′19.74″		8.54	4	坝体、放水工程和溢洪道

2.1.2 研究区界定

　　水文分析是 DEM 数据应用的一个主要方式。DEM 生成的集水流域和水流网络，成为大多数地表水文分析模型的主要要输入数据。将研究区所在流域 DEM（ALOS-12.5m DEM 数据）在 ArcGIS 中进行水文分析，通过填注、流向、流量、捕捉倾泻点、集水区等步骤获得蓄水工程的研究区边界。研究区界定水文分析流程见图 2-1。

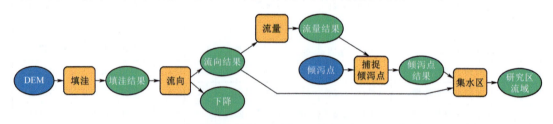

图 2-1 研究区界定水文分析流程图

　　（1）乌拉盖研究区界定。上游研究区通过参考国内外相关研究成果，咨询相关专家，确定以呼其尔廷浑迪河汇入乌拉盖河处为研究区起点，下至水库库区；库区范围以设计洪水位 913.30m 在 ArcGIS 中计算得出，下游以色也勒钦河（该河上游有贺斯格乌拉水库）

汇入乌拉盖河处为研究区终点。乌拉盖研究区范围见图 2-2。

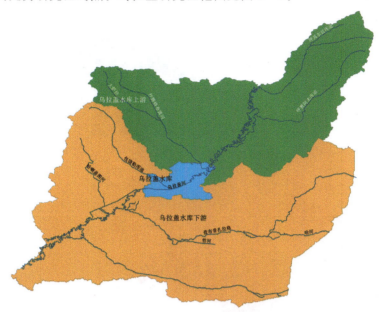

图 2-2　乌拉盖研究区范围图

（2）德日苏宝冷研究区界定。上游研究区通过参考国内外相关研究成果，咨询相关专家，确定以归力苏台河汇入查干沐沦河处为研究区起点，下至水库库区；库区范围以设计洪水位 604.60m 在 ArcGIS 中计算得出，下游以查干沐沦河汇入西拉木伦河处为研究区终点。德日苏宝冷研究区范围见图 2-3。

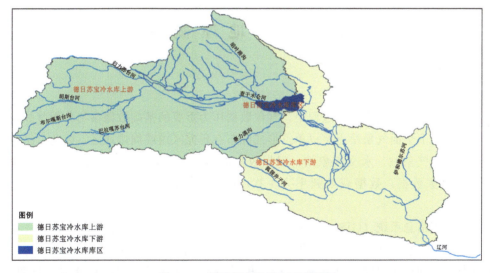

图 2-3　德日苏宝冷研究区范围图

（3）西柳沟淤地坝系工程研究区界定。由于西柳沟淤地坝系工程布设在西柳沟上游，因此西柳沟淤地坝系工程确定为西柳沟上游，以西柳沟中游风沙区为界。西柳沟淤地坝系工程研究范围见图 2-4。

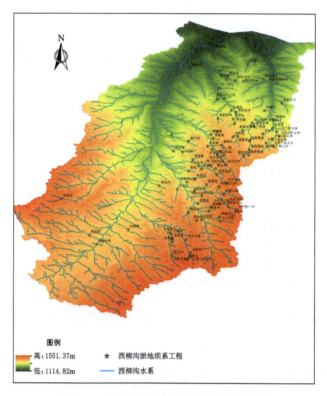

图 2-4　西柳沟淤地坝系工程研究范围图

2.2　自　然　地　理　概　况

2.2.1　气象

在蓄水工程生态效应研究过程中，气象数据作为重要的基础数据参与分析气候变的特征规律。考虑下垫面气象站点是以单点形式分布在研究区内或周边地区，因此，结合研究区及周边自动气象站、水文气象站，根据收集的研究区及周边 13 个气象站、17 个水文站，17 类气象数据，数据获取频率为 1 次/月，时间尺度范围为 1971—2022 年，共计 13.53 万条。

基于地理信息系统（GIS），采用克吕格、反距离加权、样条等空间插值方法对下垫面气象数据进行空间插值，获得了平均气温、平均最高气温、平均最低气温、最高气温、最低气温、平均相对湿度（百分率）、最小相对湿度（百分率）、24h 降水量、日照时数、月日照百分率、平均气压、平均水气压、平均地面温度、月平均最高地面温度、月平均最低地面温度、平均 5cm 地温、平均风速等 1971—2022 年时空分布图。

相关气象参数资料见表 2-5。

表 2-5 研究区气象参数资料

研究区	站点名称	站点编码	北纬/(°)	东经/(°)
乌拉盖水库	乌拉盖	50913	45.77	118.98
	霍林郭勒国家基准气候站	50924	45.53	119.67
	巴雅尔吐胡硕	50928	45.07	120.33
	五岔沟雨量站	11420040	46.75	120.33
	白狼雨量站	11420010	47.05	120.10
	哈日努拉雨量站	11420350	45.62	120.05
	奴奶庙雨量站	1720900	45.68	118.93
德日苏宝冷水库	巴林右旗国家气象观测站	54113	43.53	118.65
	林西国家基本气象站	54115	43.60	118.07
	克什克腾	54117	43.25	117.53
	巴林左旗国家基准气候站	54027	43.98	119.40
	翁牛特旗	54213	42.95	119.03
	五十家子雨量站	20240000	44.05	118.37
	龙头山雨量站	20242400	43.85	118.27
	大板雨量站	20247200	43.52	118.67
	锅撑子山雨量站	20248000	43.42	118.85
	巴林桥雨量站	20236000	43.25	118.62
	白塔子雨量站	20239200	44.20	118.52
	白音和硕雨量站	20246400	43.87	118.57
西柳沟淤地坝系	达拉特旗	53457	40.28	110.18
	伊金霍洛旗国家气象观测站	53545	39.57	109.73
	东胜国家基本气象站	53543	39.83	109.98
	杭锦旗国家气象观测站	53533	39.85	108.73
	哈拉汉图壕雨量站	40545100	40.02	109.35
	柴登壕雨量站	40546000	39.88	109.55
	高头窑雨量站	40546050	40.05	109.82
	龙头拐水文站	40513605	40.35	109.77
	罕台庙雨量站	40548000	39.83	109.82
	青达门雨量站	40548050	40.02	109.82
	耳字壕雨量站	40548200	39.98	110.02

2.2.2　地理概况

2.2.2.1　乌拉盖水库研究区

乌拉盖流域（即东经 $115°10' \sim 120°00'$，北纬 $44°00' \sim 46°50'$）位于内蒙古锡林郭勒盟的东、西乌珠穆沁旗东部，大兴安岭西麓的中低山区向蒙古高原过渡地带，流域面积为

68786.55 km^2。

乌拉盖河位于内蒙古锡林郭勒盟东北部，是内蒙古自治区最大的内陆河。发源于大兴安岭西侧的宝格达山（即东经 119°49′，北纬 46°41′），该河向南偏西流经扎格斯台诺尔、胡稍庙、奴奶庙、新庙等地，最终注入乌拉盖流域的索林淖尔洼地。乌拉盖河流域面积为 20200 km^2。沿乌拉盖河自上而下有色也勒钦河、敖伦套海河、布尔嘎斯台河、彦吉嘎河、高力罕河等季节性河流，全长 360 km。

乌拉盖水库以上为低山丘陵地带，比降在 1/1000～1/500，多沼泽洼地。水库以下沿河两岸多为冲积平原，比降为 1/1000 左右。乌拉盖流域的地表径流无处排泄，聚积在乌拉盖盆地形成了湖沼下湿地，海拔 800～1000 m。

乌拉盖流域土壤处于大兴安岭黑钙土向栗钙土过渡段。地带性土壤以栗钙土为优势土壤，主要分布于东部土地丘陵地带和河谷平原中。黑钙土面积次之，分布在西部，乌拉盖中上游河谷平地中，是本区最优质的土壤。隐域性土壤整体面积较小，类型主要为草甸土、沼泽土和风沙土，其中以草甸土分布面积最大，主要分布在流域内的乌拉盖河两岸以及色也勒钦河的边沿地带和一些低洼沟谷平地，在两个主要的地带性土壤栗钙土和黑钙土中都有分布。土壤基本层次为草根盘结层、腐殖质层和潜育化母质层。

2.2.2.2　德日苏宝冷水库研究区

西辽河上游有两大支流——老哈河和西拉木伦河，也是西辽河的两大源头。两河汇合后，形成干流始称西辽河。西拉木伦河发源于大兴安岭南端克什克腾旗大红山北麓白曹沟。主流经克什克腾旗中南部、林西县、巴林右旗、阿鲁科尔沁旗南缘和翁牛特旗北缘，到开鲁东南海流图汇入西辽河干流。河道全长 397km，流域面积 28668.79km^2。其主要支流左侧有碧柳河、查干沐伦河，右侧支流主要有萨岭河、百岔河、苇塘河、少冷河。整个河道的河网呈羽毛状。西拉木伦河上游大部分地区植被较好，覆盖率在 70％以上。

查干沐伦河是西拉木伦河左岸较大的支流，发源于巴林右旗北部罕山，流经索博力嘎、朝阳、大板，于胡日哈庙汇入西拉木伦河，全长 212km，流域面积 11502.48km^2。河源至龙头山为查干沐伦河上游，主河床平均宽 30～50m，比降为 0.01～0.005；龙头山至大板为查干沐伦河中游，河道穿行黄土丘陵区，河道比降为 0.005～0.003；大板到河口为查干沐伦河下游，河流流经平坦的冲积平原地带，河谷开阔，比降为 0.003～0.002。

2.2.2.3　西柳沟淤地坝系工程研究区

黄河内蒙古河段系典型的冲积型河段，其南岸分布有库布齐沙漠和十大孔兑，包括毛不拉、布尔斯太沟、黑赖沟、西柳沟、罕台川、壕庆河、哈什拉川、母花沟、东柳沟和呼斯太河。由于十大孔兑源头均为水土流失极为严重的砒砂岩丘陵沟壑区，流经库布齐沙漠，极易形成高含沙洪水，对黄河干流（内蒙古河段）泥沙输移和河床演变造成严重影响。

西柳沟，又称为水多湖川，季节性河流，流经鄂尔多斯市东胜区和达拉特旗。发源于鄂尔多斯市东胜区泊尔江海子镇海子湾村，河口在达拉特旗昭君镇二狗湾村。向西北流至朱家圪堵西转向东北至龙头拐，又向西北至昭君坟东北从右侧汇入黄河，海拔 1504.5～1005.3m，高差 499.2m。全河在大路壕以上为干河，以下有清水或间歇水。流域面积在

50km² 以上支流有 4 条（大哈他图沟、艾来色台沟、黑塔沟和乌兰斯太沟），面积为 30～50km² 支流有 4 条（鸡盖沟、艾来五库沟、昌汉沟和马利昌汉沟）。

2.3 社 会 经 济

人口数据和社会经济数据来源于《内蒙古自治区统计年鉴》以及地区的统计年鉴，按照统计年鉴中已有的数据从 1988 年起到 2020 年止进行统计。依据高度密集的统计数据全面、系统、连续地记录定居人数、旅游业效益、工业效益和人均 GDP、农作物效益、畜牧业收益等。

2.3.1 乌拉盖水库研究区

乌拉盖水库研究区社会经济情况统计见表 2－6。

表 2－6 乌拉盖研究区社会经济情况统计表

年份	定居人数 /人	旅游业效益 /万元	工业效益 /万元	人均 GDP /元	农作物效益 /万元	畜牧业收益 /万元
1998	321268	58405	106912	6700	77181	26603
1999	324442	61908	109736	7850	62106	41085
2000	328626	74336	116005	9147	76147	34822
2001	329449	84127	124219	9790	69270	49297
2002	331059	99316	138374	10349	80499	52712
2003	333147	129570	143294	11401	75088	61863
2004	333135	166746	206071	14404	96120	99833
2005	336455	219342	235585	18990	119424	109209
2006	341467	277484	250960	22515	130849	111416
2007	348546	349716	286905	26699	150367	123960
2008	354274	450974	333373	32385	163420	155588
2009	359528	572634	337455	36606	173099	149061
2010	364162	676738	386127	42793	200349	173287
2011	368664	753217	450995	49635	232333	206883
2012	357563	825227	483138	57530	256922	211500
2013	362444	911370	527425	62109	277306	230095
2014	363746	976871	552058	65137.4	290087	240379
2015	364257	1055371	551066	67329	291469	237228
2016	369306	1107670	592993	71149.1	359907	210204
2017	370261	1261456	610758	77259.9	359041	228545

年份	定居人数 /人	旅游业效益 /万元	工业效益 /万元	人均GDP /元	农作物效益 /万元	畜牧业收益 /万元
2018	370933	1333400	645170	83449	390100	231350
2019	372061	1374734	677668	86720.5	412707	241909
2020	372034	1334575	753604	85373.4	465320	265947
2022	25300	102500	342900	193698	39950	45050

2.3.2 德日苏宝冷水库研究区

德日苏宝冷水库研究区社会经济情况统计见表2-7。

表2-7　　　　　德日苏宝冷水库研究区社会经济情况统计表

年份	定居人数 /万人	旅游业效益 /亿元	工业效益 /亿元	人均GDP /元	农作物效益 /亿元	畜牧业收益 /亿元
2000	18.33	2.77	1.24	3175.12	0.81	1.03
2001	18.21	2.98	1.36	3481.6	0.92	1.08
2002	18.09	3.3	1.73	3913.76	0.96	1.09
2003	18.05	4.4	2.35	5185.6	1.25	1.36
2004	18	5.22	2.39	6033.33	1.63	1.62
2005	17.99	5.42	2.67	6675.93	1.86	2.06
2006	17.96	5.69	2.83	7099.11	2.01	2.22
2007	17.88	7.08	3.05	8585.01	2.5	2.72
2008	17.72	9.41	3.46	10682.8	2.89	3.17
2009	17.6	11.49	4.34	12539.7	2.99	3.25
2010	17.55	13.31	5.58	14985.7	3.21	4.2
2011	17.38	14.41	6.62	17123.1	3.62	5.11
2012	17.13	15.52	7.52	19136	4.8	4.94
2013	16.93	17.18	8.12	21015.9	4.96	5.32
2014	16.65	19.45	8.55	23279.2	5.01	5.75
2015	16.52	22.29	9.52	25992.7	5.23	5.9
2016	16.24	23.89	10.48	28380.5	5.36	6.36
2017	16.11	26.73	11.58	31148.3	5.69	6.18
2018	15.91	29.91	12.44	34355.7	5.96	6.35
2019	15.72	31.21	13.65	36851.1	6.21	6.86
2020	15.47	30.14	13.98	37685.8	6.8	7.38
2022	177982	34.48	17.1	39536	7.7	7.89

2.3.3 西柳沟淤地坝系工程研究区

西柳沟淤地坝系工程研究区的社会经济情况统计见表2-8。

表2-8　　　　　　　　西柳沟淤地坝系工程研究区社会经济情况统计表

年份	定居人数/人	工业效益/万元	人均GDP/元	农作物效益/万元	畜牧业收益/万元
1988	297366	2103	730.41	11247	8620
1989	298894	2428	782.99	16571	7116
1990	304968	2479	1034.01	22902	6921
1991	307258	3577	1078.9	23242	7053
1992	31337	3696	1297.72	24314	8011
1993	305411	4130	1571.1	25732	9259
1994	309017	6307	2022.45	33704	17758
1995	312640	11805	2939.04	52786	22000
1996	315814	35001	4165.74	56894	26494
1997	316123	62500	5443.51	65869	25559
1998	321268	67531	6700.08	77181	26603
1999	324442	104353	7850.77	62106	41085
2000	328626	132722	9147.72	76147	34822
2001	329449	138411	9790.5	69270	49297
2002	331059	138523	10349.73	80499	52712
2003	333147	130101	11401.39	75088	61863
2004	333135	130876	14404.49	96120	99833
2005	336455	187162	18990.5	119424	109209
2006	341467	223769	22515.24	130849	111416
2007	348546	293796	26699.4	150367	123960
2008	354274	380519	32385.07	163420	155588
2009	359528	409961	36606.44	173099	149061
2010	364162	509393	42793.1	200349	173287
2011	368664	608982	49635.68	232333	206883
2012	357563	694283	57530.78	256922	211500
2013	362444	757215	62109.35	277306	230095
2014	363746	785024	65137.4	290087	240379

年份	定居人数/人	工业效益/万元	人均 GDP/元	农作物效益/万元	畜牧业收益/万元
2015	364257	803338	67329.03	291469	237228
2016	369306	854839	71149.18	359907	210204
2017	370261	943189	77259.99	359041	228545
2018	370933	1092500	83449.03	390100	231350
2019	372061	1167998	86720.51	412707	241909
2020	372034	1136294	85373.46	465320	265947
2022	372034	1334575	1136294	85373.46	465320

2.4　遥感监测数据整编

DEM 数据（空间分辨率 30m）基于确定的研究区边界，通过地理空间数据云等数据平台下载获取。

TM/ETM 数据（空间分辨率 30m）通过美国地质调查局（USGS）网站下载获取，在北京时间上午 11：00 左右接收晴日数据，下载频率为 1 景/年。

MODIS 数据及相关产品（空间分辨率 1000m）通过 LAADS 网站下载获取，在特定时段接收晴日 Terra 和 Aqua 卫星遥感数据。

国产高分 GF 影像可通过内蒙古自治区测绘地理信息中心及外购获取。

相关轨道参数见表 2-9。

表 2-9　　　　　　　　　　研究区遥感轨道参数

蓄水工程	轨道参数			时段	面积/km²
	Landsat 轨道参数	MODIS 轨道参数	GF 影像		
德日苏宝冷水库	Landsat-1、Landsat-2、Landsat-3；path/row：132/28、131/28；Landsat-4、Landsat-5、Landsat-7；path/row：122/28	H26V04	依据范围	2001—2022 年	1501.35
乌拉盖水库	Landsat-1、Landsat-2、Landsat-3；path/row：132/30、131/30；Landsat-4、Landsat-5、Landsat-7；path/row：122/30	H26V04	依据范围	1971—2022 年	1658.22
西柳沟淤地坝系	Landsat-1、Landsat-2、Landsat-3；path/row：137/32；Landsat-4、Landsat-5、Landsat-7；path/row：127/32	H26V04、H26V05	依据范围	1984—2022 年	1083.89

2.4.1 数字高程数据 DEM

DEM（Digital Elevation Model），又称数字高程模型，是用一组有序数值阵列形式表示地面高程的一种实体地面模型。本书选择分辨率为 1:5 万的原始 DEM，它的作用是为模型运算提供高程。数据处理过程包括坐标定义和消除杂点两个过程。首先利用 ArcGIS 软件 ArcToolbox 模块中 Projections and Transportations 定义 DEM 投影坐标，投影坐标系统统一采用地理投影系统 WGS_1984 坐标系统；在 DEM 生产的过程中，可能会由于某种人为或者非人为的原因，使 DEM 数据中出现非常明显的错误点，从而影响 DEM 数据的应用，本书利用 ArcGIS 软件将 DEM 转化成点要素，然后从属性表中剔除错误点，最后转化为研究所需的栅格形式。

DEM 数据（空间分辨率 12.5m）基于确定的研究区边界，通过地理空间数据云等数据平台下载获取。

（1）德日苏宝冷水库 DEM。选择德日苏宝冷水库影响查干沐沦河水系上、中、下游区域为研究区，水库所在的流域为自然控制边界，上下游考虑河流产汇流关系，综合确定研究区范围边界，面积为 1501.35km²，见图 2－5。

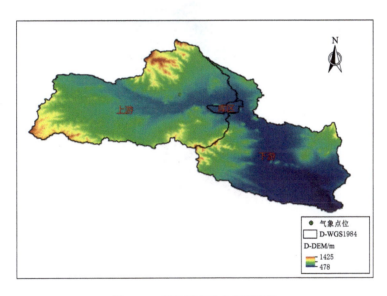

图 2－5　德日苏宝冷水库研究区

（2）乌拉盖水库 DEM。选择乌拉盖水库影响乌拉盖河水系上、中、下游区域为研究区，水库所在的流域为自然控制边界，上下游考虑河流产汇流关系，综合确定研究区范围边界，面积为 1658.22km²，见图 2－6。

（3）西柳沟淤地坝系工程 DEM。研究区为西柳沟淤地坝系所在的西柳沟流域，为自然控制边界，考虑河流产汇流关系，综合确定研究区范围边界，面积为 1083.89km²，见图 2－7。

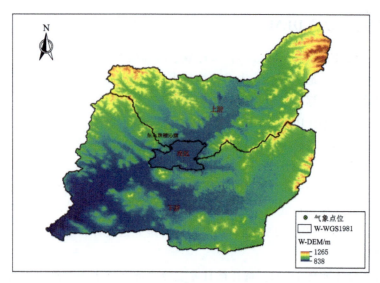

图 2-6　乌拉盖水库研究区

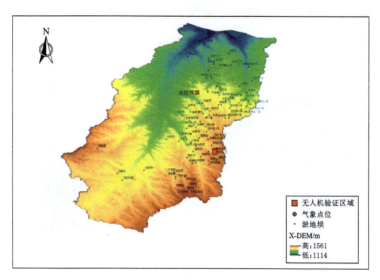

图 2-7　西柳沟淤地坝系工程研究区

2.4.2　高空间分辨率遥感影像 Landsat

本书传感器包括 Landsat-5、Landsat-7 和 Landsat-8，该类数据是美国陆地卫星搭载的一种特殊成像仪获取的影像，用于计算 NDVI 等地表参数，是区域信息计算的基础和依据。遥感影像采用美国国家航空航天局（NASA）提供的 TM、ETM＋、OLI/TIRS 数据（空间分辨率 30m），通过美国地质调查局（USGS）网站下载获取，在北京时间上午 11：00 左右接收晴日数据。

不同传感器波段信息见表 2-10。

表 2 - 10　　　　　　　　　　　不同传感器波段信息表

传感器		Landsat - 5	Landsat - 7	Landsat - 8	
		TM	ETM+	OLI	TIRS
时间分辨率/d		16	16	16	16
空间分辨率/m	可见光/近红外	30	30	30	—
	全色波段	—	15	15	—
	热红外波段	120	60	—	100
波段宽度/μm	Band1	0.45～0.52	0.45～0.52	0.435～0.451	
	Band2	0.52～0.60	0.53～0.61	0.452～0.512	
	Band3	0.63～0.69	0.63～0.69	0.533～0.590	
	Band4	0.76～0.90	0.78～0.90	0.636～0.673	
	Band5	1.55～1.75	1.55～1.75	0.851～0.879	
	Band6	10.40～12.50	10.40～12.50	1.566～1.651	
	Band7	2.08～2.35	2.09～2.35	2.107～2.294	
	Band8		0.52～0.90	0.503～0.676	
	Band9			1.363～1.384	
	Band10				10.60～11.19
	Band11				11.50～12.51

2.4.3　高时间分辨率遥感影像 MODIS

　　搭载在 Terra 和 Aqua 两颗卫星上的中分辨率成像光谱仪（MODIS）是美国地球观测系统（EOS）计划中用于观测全球生物和物理过程的重要仪器。它具有 36 个中等分辨率水平的光谱波段，空间分辨率为 250～1000m，每 1～2 天对地球表面观测一次。获取陆地和海洋温度、初级生产率、陆地表面覆盖、云、气溶胶、水汽和火情等目标的图像，在生态学研究、环境监测、全球气候变化以及农业资源调查等诸多研究中具有广泛的应用前景。本书所用 MODIS 遥感影像数据是美国国家航空航天局（NASA）提供的 MOD021KM 一级产品 Aqua 数据。该产品包括 MODIS 数据 1～36 波段基础数据，不同波段信息见表 2 - 11。

2.4.4　超高空间分辨率遥感影像 GF

　　国产高分 GF 影像通过内蒙古自治区测绘地理信息中心平台和购买获取。

　　1. GF - 1

　　高分一号卫星（GF - 1）于 2013 年 4 月 26 日成功发射，牵头主用户为自然资源部，其他用户包括农业农村部、生态环境部等。卫星搭载了 2 台 2m 分辨率全色/8m 分辨率多光谱相机，4 台 16m 分辨率多光谱相机。

　　GF - 1 突破了高空间分辨率、多光谱与高时间分辨率结合的光学遥感技术，多载荷图像拼接融合技术，高精度高稳定度姿态控制技术，单星上同时实现高分辨率与大幅宽的结合，2m 高分辨率实现大于 60km 成像幅宽，16m 分辨率实现大于 800km 成像幅宽，适应多种空间分辨率、多种光谱分辨率、多源遥感数据综合需求，满足不同应用要求；实现无地面控制点 50m 图像定位精度，满足用户精细化应用需求；在小卫星上实现 2×450 Mbit/s 数据传输能力，满足大数据量应用需求；具备高的姿态指向精度和稳定度，姿态稳定度优于 $5e-4°/s$，并具有 $35°$ 侧摆成像能力，满足在轨遥感的灵活应用；在国内民用小卫星上首次具备中继测控能力，可实现境外时段的测控与管理。GF-1 基本参数见表 2-12。

表 2-11 MODIS 数据信息表

波段	分辨率/m	波段宽度/μm	主要应用	波段	分辨率/m	波段宽度/μm	主要应用
1	250	0.620～0.670	植被叶绿素吸收	19	1000	0.915～0.965	云/大气层性质
2	250	0.841～0.876	云和植被覆盖变换	20	1000	3.660～3.840	洋面温度
3	500	0.459～0.479	土壤植被差异	21	1000	3.929～3.989	森林火灾/火山
4	500	0.545～0.565	绿色植被	22	1000	3.929～3.989	云/地表温度
5	500	1.230～1.250	叶面/树冠差异	23	1000	4.020～4.080	云/地表温度
6	500	1.628～1.652	雪/云差异	24	1000	4.433～4.498	对流层温度/云片
7	500	2.105～2.155	陆地和云的性质	25	1000	4.482～4.549	对流层温度/云片
8	1000	0.405～0.420	叶绿素	26	1000	1.360～1.390	红外云探测
9	1000	0.438～0.448	叶绿素	27	1000	6.535～6.895	对流层中层湿度
10	1000	0.483～0.493	叶绿素	28	1000	7.175～7.475	对流层中层湿度
11	1000	0.526～0.536	叶绿素	29	1000	8.400～8.700	表面温度
12	1000	0.546～0.556	沉淀物	30	1000	9.580～9.880	臭氧总量
13	1000	0.662～0.672	沉淀物，大气层	31	1000	10.780～11.280	云/表面温度
14	1000	0.673～0.683	叶绿素荧光	32	1000	11.770～12.270	云高和表面温度
15	1000	0.743～0.753	气溶胶性质	33	1000	13.185～13.485	云高和云片
16	1000	0.862～0.877	气溶胶/大气层性质	34	1000	13.485～13.785	云高和云片
17	1000	0.890～0.920	云/大气层性质	35	1000	13.785～14.085	云高和云片
18	1000	0.931～0.941	云/大气层性质	36	1000	18.085～14.385	云高和云片

表 2-12 GF-1 基本参数

参数		高分相机		宽幅相机
光谱范围	全色	0.45～0.90μm	全色	—
	多光谱	0.45～0.52μm	多光谱	0.45～0.52μm
		0.52～0.59μm		0.52～0.59μm
		0.63～0.69μm		0.63～0.69μm
		0.77～0.89μm		0.77～0.89μm
空间分辨率	全色	2m	全色	—
	多光谱	8m	多光谱	16m
幅宽		60km（2 台相机组合）		800km（4 台相机组合）
重访周期（侧摆时）		4 天		—
覆盖周期（不侧摆）		41 天		4 天

2. GF-2

高分二号卫星（GF-2）于 2014 年 8 月 19 日成功发射，是我国自主研制的首颗空间分辨率优于 1m 的民用光学遥感卫星。GF-2 牵头主用户为自然资源部，其他用户包括住房和城乡建设部、交通运输部、国家林业和草原局等。卫星搭载有 2 台高分辨率 1m 全色、4m 多光谱相机实现拼幅成像。

GF-2 作为我国首颗分辨率达到亚米级的宽幅民用遥感卫星，其在设计上具有诸多创新特点，突破了亚米级、大幅宽成像技术；宽覆盖、高重访率轨道优化设计可使卫星侧摆±23°的情况下，即可实现全球任意地区重访周期不大于 5 天，在卫星侧摆±35°的情况下，重访周期还将进一步缩小；高稳定度快速姿态侧摆机动控制技术在轨实现了 150s 之内侧摆机动 35°并稳定；卫星无控制点定位精度达到 20～35m，还具有智能化的星上自主管理能力。GF-2 下点空间分辨率可达 0.8m，标志着我国遥感卫星进入了亚米级"高分时代"。GF-2 基本参数见表 2-13。

表 2-13 GF-2 基 本 参 数

参　数	全色/多光谱相机		参　数	全色/多光谱相机	
光谱范围/μm	全色	0.45～0.90	空间分辨率/m	全色	0.8
	多光谱	0.45～0.52		多光谱	3.2
		0.52～0.59	幅宽/km	45（2 台相机组合）	
		0.63～0.69	重访周期（侧摆时）/d	5	
		0.77～0.89	覆盖周期（不侧摆）/d	69	

第3章 蓄水工程生态环境效益
关键因子识别研究

尽管现有的识别关键因子的方法诸多，但归纳起来无非三类：①主要依赖研究者主观判定的一类方法，此类"主观认定法"往往随意性较大，且无一定程序，选定的结果受研究视角影响极不规范；②间接推断法，借助技术经济或环境经济分析以及经济决策或管理工作中常用的"灵敏度"（又称"敏感性"）分析方法，可以间接找出对结果起关键作用的因子；③直接寻找法，比如两两比较的层次分析法（Analytic Hierarchy Process，AHP）。相比主观认定法与间接推断法，直接寻找法显得比较客观，也有一定的程序。直接寻找法在前期充分考虑专家专业性和研究视角的全面性，在严谨的数学演算下，往往能得出较为客观、真实的结果，备受研究者推崇与应用。为此，针对蓄水工程建设影响区域的水、土、气、生等生态环境效应，本书拟通过层次分析法确定蓄水工程影响生态环境效应的关键因子。

3.1 生态环境效应因子调研

层次分析法将定量分析与定性分析结合起来，用决策者的经验判断各衡量目标之间能否实现的标准之间的相对重要程度。为了保证原始数据的科学性，本书采用专家咨询法获得判断矩阵中两两指标间的相对重要性数值，对专家进行调查问卷，并回收整理。按照层次分析法确定各指标权重系数。

以水利部牧区水利科学研究所、内蒙古自治区水利科学研究院、中国地质大学（武汉）、水利部水利水电规划设计总院、中国水利水电科学研究院、中国农业大学、内蒙古农业大学等单位的17位专家与学者作为咨询对象，研究和工作领域涵盖水利设计、工程管理、生态保护、防灾减灾、水资源、气候学、遥感科学等领域。

咨询专家基本情况见表3-1。

表3-1 咨询专家基本情况统计

类　　别		人数	比例/%
工作单位	水利部水利水电规划设计总院	1	5.88
	中国水利水电科学研究院	3	17.65
	水利部牧区水利科学研究所	4	23.53
	内蒙古自治区水利科学研究院	3	17.65
	中国农业大学	1	5.88

类 别		人数	比例/%
工作单位	内蒙古农业大学	1	5.88
	内蒙古自治区水利水电勘测设计院有限公司	1	5.88
	中国地质大学（武汉）	3	17.65
研究/工作领域	水资源	3	17.65
	水利设计	5	29.41
	工程管理	1	5.88
	生态保护	3	17.65
	防灾减灾	1	5.88
	气候学	2	11.76
	遥感科学	2	11.76
职称	教授/正高	6	35.29
	副教授/高工	6	35.29
	讲师/工程师	3	17.65
	助工	2	11.76

3.2　指标体系构建

依据 AHP 法构建蓄水工程影响生态环境效应关键因子识别的指标体系，通过问卷调查确定搜集各指标权重的原始数据，依据 AHP 法，计算出各个指标的权重值，通过权重值比较识别蓄水工程影响生态环境效应关键因子。

研究结合已有基础和国内外相关文献资料，按水文、土地、气候、生境进行指标归类，筛选包括水资源、大气环境、土地资源和地理环境、生物多样性和生态系统等构建影响因子数据库，最终确定 4 类 36 个指标，见表 3-2。

表 3-2　　　　蓄水工程影响生态环境效应关键因子筛选指标体系

目标层	准则层	指标层	目标层	准则层	指标层
蓄水工程影响生态环境效应关键因子识别 A	水文 B1	水资源量 C1	蓄水工程影响生态环境效应关键因子识别 A	土地 B2	土地利用类型 C1
		水域水质 C2			土壤属性 C2
		水网密度 C3			土壤含水量 C3
		径流量 C4			土壤温度 C4
		可利用水量 C5			耕地面积 C5
		地下水位 C6			湿地面积 C6
		水域温度 C7			地形地貌 C7
		河岸稳定 C8		气候 B3	温度 C1
		水域面积 C9			降水 C2
		水源涵养 C10			湿度 C3

续表

目标层	准则层	指标层	目标层	准则层	指标层
蓄水工程影响生态环境效应关键因子识别 A	气候 B3	风速 C4	蓄水工程影响生态环境效应关键因子识别 A	生境 B4	病虫害数量 C2
		太阳辐射 C5			草地覆盖率 C3
		蒸散发 C6			水土保持率 C4
		水旱灾害 C7			植物多样性 C5
		优良天数 C8			动物多样性 C6
		防风固沙效果 C9			微生物多样性 C7
		PM2.5 C10			碳汇功能 C8
	生境 B4	植被覆盖指数 C1			外来物种数量 C9

3.3　建立判断矩阵

在建立目标层—准则层—指标层等递阶层次结构以后，上下层元素间的隶属关系就被确定了。对于大多数生态环境、社会经济等比较复杂的问题，元素的权重不容易直接获得，这时就需要通过适当的方法导出它们的权重，AHP 利用决策者给出判断矩阵的方法导出权重，其前提就是建立判断矩阵。

结合本研究的递阶层次结构，蓄水工程影响生态环境效应关键因子识别判断矩阵包括准则层和指标层两部分，见表 3-3～表 3-7。

表 3-3　　　　蓄水工程建设对水文、土地、气候、生境影响的重要性评价表

目标层	水文 B1	土地 B2	气候 B3	生境 B4
水文 B1	1			
土地 B2	—	1		
气候 B3	—	—	1	
生境 B4	—	—	—	1

表 3-4　　　　　　　蓄水工程建设对水文影响的重要性评价表

水文 B1	水资源量 C1	水域水质 C2	水网密度 C3	径流量 C4	可利用水量 C5	地下水位 C6	水域温度 C7	河岸稳定 C8	水域面积 C9	水源涵养 C10
水资源量 C1	1									
水域水质 C2	—	1								
水网密度 C3	—	—	1							
径流量 C4	—	—	—	1						
可利用水量 C5	—	—	—	—	1					
地下水位 C6	—	—	—	—	—	1				
水域温度 C7	—	—	—	—	—	—	1			
河岸稳定 C8	—	—	—	—	—	—	—	1		
水域面积 C9	—	—	—	—	—	—	—	—	1	
水源涵养 C10	—	—	—	—	—	—	—	—	—	1

表 3-5　　　　　　　　　蓄水工程建设对土地影响的重要性评价表

土地 B2	土地利用类型 C1	土壤属性 C2	土壤含水量 C3	土壤温度 C4	耕地面积 C5	湿地面积 C6	地形地貌 C7
土地利用类型 C1	1						
土壤属性 C2	—	1					
土壤含水量 C3	—	—	1				
土壤温度 C4	—	—	—	1			
耕地面积 C5	—	—	—	—	1		
湿地面积 C6	—	—	—	—	—	1	
地形地貌 C7	—	—	—	—	—	—	1

表 3-6　　　　　　　　　蓄水工程建设对气候影响的重要性评价表

气候 B3	温度 C1	降水 C2	湿度 C3	风速 C4	太阳辐射 C5	蒸散发 C6	水旱灾害 C7	优良天数 C8	防风固沙效果 C9	PM2.5 C10
温度 C1	1									
降水 C2	—	1								
湿度 C3	—	—	1							
风速 C4	—	—	—	1						
太阳辐射 C5	—	—	—	—	1					
蒸散发 C6	—	—	—	—	—	1				
水旱灾害 C7	—	—	—	—	—	—	1			
优良天数 C8	—	—	—	—	—	—	—	1		
防风固沙效果 C9	—	—	—	—	—	—	—	—	1	
PM2.5 C10	—	—	—	—	—	—	—	—	—	1

表 3-7　　　　　　　　　蓄水工程建设对生境影响的重要性评价表

生境 B4	植被覆盖指数 C1	病虫害数量 C2	草地覆盖率 C3	水土保持率 C4	植物多样性 C5	动物多样性 C6	微生物多样性 C7	碳汇功能 C8	外来物种数量 C9
植被覆盖指数 C1	1								
病虫害数量 C2	—	1							
草地覆盖率 C3	—	—	1						
水土保持率 C4	—	—	—	1					
植物多样性 C5	—	—	—	—	1				
动物多样性 C6	—	—	—	—	—	1			
微生物多样性 C7	—	—	—	—	—	—	1		
碳汇功能 C8	—	—	—	—	—	—	—	1	
外来物种数量 C9	—	—	—	—	—	—	—	—	1

3.4　一　次　性　检　验

通过对目标层和指标层专家打分数据进行输入，利用一致性检验判断，17 个专家打分结果为目标层打分结果全部通过一次性检验，准则层的水文、土地、气候、生境 4 大类通过一次性检验的占比分别为 82%、94%、94%、88%，见表 3-8。

表 3-8 一次性检验结果

层次结构		指标数量	专家个数	通过一次性检验数量	通过率/%
目标层		4	17	17	100
准则层	水文	10	17	14	82
	土地	7	17	16	94
	气候	10	17	16	94
	生境	9	17	15	88

各层级一次性检验结果示例见图 3-1。

AHP层次分析结果

项	权重值	最大特征值	CI值
水文B1	0.423		
土地B2	0.227	4.010	0.003
气候B3	0.122		
生境B4	0.227		

一致性检验结果汇总

最大特征值	CI值	RI值	CR值	一致性检验结果
4.010	0.003	0.89	0.004	通过

（a）目标层专家1打分检验

AHP层次分析结果

项	权重值	最大特征值	CI值
水资源量C1	0.158		
水域水质C2	0.118		
水网密度C3	0.144		
径流量C4	0.219		
可利用水量C5	0.071	11.047	0.116
地下水位C6	0.089		
水域温度C7	0.050		
河岸稳定C8	0.046		
水域面积C9	0.051		
水源涵养C10	0.044		

一致性检验结果汇总

最大特征值	CI值	RI值	CR值	一致性检验结果
11.047	0.116	1.49	0.178	通过

（b）专家13对水文打分检验

AHP层次分析结果

项	权重值	最大特征值	CI值
土地利用类型C1	0.103		
土壤属性C2	0.057		
土壤含水量C3	0.079		
土壤湿度C4	0.066	7.809	0.135
耕地面积C5	0.240		
湿地面积C6	0.413		
地形地貌C7	0.042		

一致性检验结果汇总

最大特征值	CI值	RI值	CR值	一致性检验结果
7.809	0.135	1.36	0.099	通过

（c）专家15对土地打分检验

AHP层次分析结果

项	权重值	最大特征值	CI值
温度C1	0.069		
降水C2	0.097		
湿度C3	0.135		
风速C4	0.044		
太阳辐射C5	0.047	10.505	0.056
蒸散发C6	0.154		
水旱灾害C7	0.286		
优良天数C8	0.042		
防风固沙效果C9	0.058		
PM2.5C10	0.067		

一致性检验结果汇总

最大特征值	CI值	RI值	CR值	一致性检验结果
10.505	0.056	1.49	0.038	通过

（d）专家10对气候打分检验

AHP层次分析结果

项	权重值	最大特征值	CI值
植被覆盖指数C1	0.139		
病虫害数量C2	0.028		
草地覆盖率C3	0.140		
水土保持率C4	0.211		
植物多样性C5	0.161	9.485	0.061
动物多样性C6	0.070		
微生物多样性C7	0.065		
碳汇功能C8	0.148		
外来物种数量C9	0.037		

一致性检验结果汇总

最大特征值	CI值	RI值	CR值	一致性检验结果
9.485	0.061	1.46	0.042	通过

（e）专家5对生境打分检验

图 3-1 一致性检验结果

3.5 关键因子识别确定

从一致性检验结果得知，专家由于专业背景、认知角度等原因，对影响生态环境变化的主控因子判断不一，其打分结果更能综合客观反映所选因子的重要程度，因此，把未通过一次性检验的数据剔除，有效数据平均化处理得到蓄水工程对生态环境效应影响的关键因子权重高低，进而判断因子的关键性。结果见图3-2。

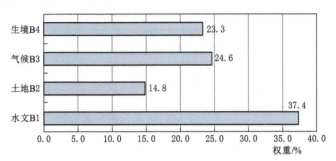

图3-2 目标层各因子权重大小

从结果上看，蓄水工程建设影响区域的水、土、气、生等生态环境效应权重大小顺序是水文（37.4%）＞气候（24.6%）＞生境（23.3%）＞土地（14.8%）。具体分析，蓄水工程作为一种水利工程，通过筑坝、建闸等将自然降水产生的地表和地下水资源进行调蓄利用，工程建设与运行会改变天然状态下的自然降水产汇流过程和地表与地下水交换过程，包括水域面积、水资源存储及可利用量、水网密度、水域水质状况等在内的因素均会有不同程度的改变。此外，蓄水工程作为一种水利调蓄工程，影响水文因素的同时，局地的改变会带来气候、生境甚至土地的变化。这种变化体现在降水、蒸散发、气温、湿度、防洪减灾等气候因子变化，土地植被覆盖及程度、水土保持、动植物和微生物多样性等生境因子变化，以及特殊的湿地、耕地、草地、土壤属性等土地利用因子变化等。

（1）水文。蓄水工程建设影响区域水文因素的权重大小（见图3-3）：水域面积C9（14.3%）＞可利用水量C5（13.8%）＞水资源量C1（12.7%）＞水网密度C3（12.1%）＞径流量C4（11.9%）＞水域水质C2（11.5%）＞地下水位C6（7.8%）＞水源涵养C10（6.7%）＞河岸稳定C8（5.9%）＞水域温度C7（3.3%）。从结果上看，水域面积、水资源量和可利用水量、水网密度、径流量和水域水质的变化对生态环境影响比较关键；从遥感技术监测的可行性角度分析，水域面积、水网密度、水域水质可利用高光谱无人机、高分影像等监测，水资源量及可利用水量、径流量现如今更多是通过水文测站等测流手段进行监测。

（2）土地。蓄水工程建设影响区域土地因素的权重大小（见图3-4）：湿地面积C6（25.6%）＞土地利用类型C1（21.4%）＞耕地面积C5（16.9%）＞土壤含水量C3（12.3%）＞土壤属性C2（10.1%）＞地形地貌C7（6.9%）＞土壤温度C4（6.7%）。从结果上看，内蒙古典型的蓄水工程在湿地面积、土地利用类型、耕地面积、土壤含水量等方面的变化对生态环境影响比较关键；从遥感技术监测的可行性角度分析，湿地面积、土地利用类型、耕地面积、土壤含水量可利用高光谱无人机、高分影像等监测。

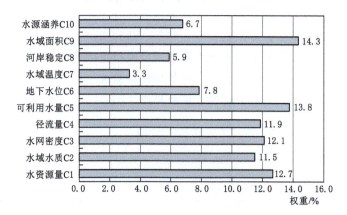

图 3-3　准则层（水文）各要素权重大小

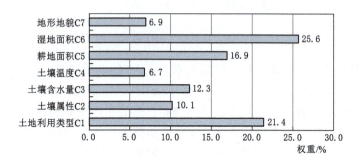

图 3-4　准则层（土地）各要素权重大小

（3）气候。蓄水工程建设影响区域气候因素的权重大小（见图 3-5）：降水 C2（15.4%）＞水旱灾害 C7（14.9%）＞蒸散发 C6（14.8%）＞湿度 C3（12.5%）＞温度 C1（10.7%）＞防风固沙效果 C9（7.4%）＞风速 C4（6.8%）＞优良天数 C8（6.2%）＞太阳辐射 C5（5.7%）＞PM2.5 C10（5.6%）。从结果上看，内蒙古典型的蓄水工程在降水、水旱灾害、蒸散发、湿度、温度等气候方面的变化对生态环境影响比较关键；从遥感技术监测的可行性角度分析，上述影响气候变化的关键因子在监测手段上相对受限，更多是依赖下垫面地面观测站等。

（4）生境。蓄水工程建设影响区域生境因素的权重大小（见图 3-6）：植被覆盖指数 C1（18.0%）＞水土保持率 C4（16.4%）＞草地覆盖率 C3（16.0%）＞植物多样性 C5（11.3%）＞碳汇功能 C8（10.9%）＞动物多样性 C6（8.2%）＞微生物多样性 C7（7.5%）＞外来物种数量 C9（6.3%）＞病虫害数量 C2（5.4%）。从结果上看，内蒙古典型的蓄水工程在植被覆盖指数、水土保持率、草地覆盖率、植物多样性、碳汇功能等生境方面的变化对生态环境影响比较关键；从遥感技术监测的可行性角度分析，上述影响生境变化的植被覆盖指数、草地覆盖率、碳汇功能等关键因子可利用高光谱无人机、高分影像等监测。其他更多是依赖下垫面地面观测站等。

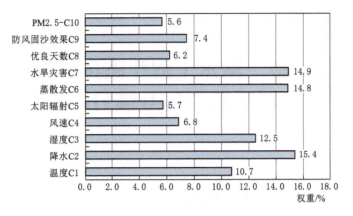

图 3-5 准则层（气候）各要素权重大小

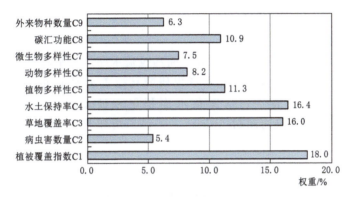

图 3-6 准则层（生境）各要素权重大小

3.6 小 结

依据 AHP 法构建了蓄水工程影响生态环境效应关键因子识别的指标体系，包括水文、土地、气候、生境 4 类准则层及 36 个指标。利用专家咨询方式对各准则层和指标层构建判断矩阵，分析确定蓄水工程建设影响区域的水、土、气、生等生态环境效应权重大小顺序是水文（37.4%）＞气候（24.6%）＞生境（23.3%）＞土地（14.8%）。

从指标层权重大小结果分析，与水文有关的水域面积、水资源量、可利用水量、水网密度、径流量和水域水质，与土地有关的湿地面积、土地利用类型、耕地面积、土壤含水量，与气候有关的降水、水旱灾害、蒸散发、湿度、温度，与生境有关的植被覆盖指数、水土保持率、草地覆盖率、植物多样性、碳汇功能等，对生态环境影响比较关键。

从遥感技术监测的可行性角度分析，与水文有关的水域面积、水网密度、水域水质，与土地有关的湿地面积、土地利用类型、耕地面积、土壤含水量，与气候有关的降水、水旱灾害、蒸散发、湿度、温度，与生境有关的植被覆盖指数、草地覆盖率、碳汇功能等关键因子可利用高光谱无人机、高分影像等监测。

第4章 蓄水工程生态环境效应遥感监测与互馈分析

4.1 乌拉盖生态水库环境效应遥感监测与互馈分析

4.1.1 水文遥感监测与互馈分析

4.1.1.1 河流形态

由于 Landsat 系列影像分辨率为 30m，而乌拉盖水库河流平均宽度均不足 30m，所以使用水体指数难以识别河流，因此本章仅研究乌拉盖水库水域面积的变化。乌拉盖水库自 2005 年开始运行至今，水库蓄水面积呈现波动趋势，2012 年、2014 年、2018 年、2022 年湖库面积均超过 20km²。达到了历年最大值，2016 年水库蓄水面积骤减。

乌拉盖水库河流长度及湖库面积见表 4-1。

表 4-1　　　　　　　　　乌拉盖水库河流长度与湖库面积

年份	河流长度/km	湖泊面积/km²	年份	河流长度/km	湖泊面积/km²
1998	261.02	34.25	2012	149.80	20.38
2000	122.17	3.53	2014	144.01	29.72
2002	118.10	2.95	2016	134.90	7.75
2004	120.93	6.47	2018	128.20	21.92
2006	105.13	16.13	2020	141.90	27.26
2008	104.91	13.24	2022	144.53	28.74
2010	110.27	21.50			

4.1.1.2 河流水质

根据叶绿素 a 浓度、总磷浓度、总氮浓度、高锰酸盐浓度、悬浮物浓度及透明度反演模型，结合高分影像，对有影像信息的 2015 年乌拉盖水库水体进行反演。

依据叶绿素 a 反演模型，得到 2015 年乌拉盖水库叶绿素 a 浓度的空间分布图以及浓度统计表，见图 4-1 和表 4-2。

表 4-2　　　　　　　　乌拉盖水库叶绿素 a 浓度统计　　　　　单位：mg/m³

年份	最大值	最小值	平均值
2015	63.54	30.21	32.33

由图 4-1 和表 4-2 可知，2015 年乌拉盖水库叶绿素浓度平均值为 32.33mg/m³，且东部浓度整体高于西部。

依据总磷反演模型，得到 2015 年乌拉盖水库总磷浓度的空间分布图以及浓度统计表，见图 4-2 和表 4-3。

 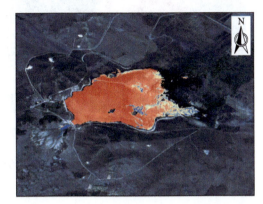

图 4-1　2015 年乌拉盖水库叶绿素 a 浓度空间分布　　图 4-2　2015 年乌拉盖水库总磷浓度空间分布

注：图中水库颜色由浅蓝至黄红表示浓度依次增加，

图 4-2～图 4-6 同注。

表 4-3　　　　　　　　　　乌拉盖水库总磷浓度统计　　　　　　　　　单位：mg/L

年份	最大值	最小值	平均值
2015	0.018	0	0.016

由图 4-2 和表 4-3 可知，2015 年乌拉盖水库总磷浓度平均值为 0.016mg/L，且西部浓度整体高于东部。

依据总氮反演模型，得到 2015 年乌拉盖水库总氮浓度的空间分布图以及浓度统计表，见图 4-3 和表 4-4。

表 4-4　　　　　　　　　　乌拉盖水库总氮浓度统计　　　　　　　　　单位：mg/L

年份	最大值	最小值	平均值
2015	2.11	0.96	2.04

由图 4-3 和表 4-4 可知，2015 年乌拉盖水库总氮浓度平均值为 2.04mg/L，且西部浓度整体高于东部，与总磷的分布特征一致。

依据高锰酸盐反演模型，得到 2015 年乌拉盖水库高锰酸盐浓度的空间分布图以及浓度统计表，见图 4-4 和表 4-5。

表 4-5　　　　　　　　　　乌拉盖水库高锰酸盐浓度统计　　　　　　　单位：mg/L

年份	最大值	最小值	平均值
2015	7.72	6.05	6.16

由图 4-4 和表 4-5 可知，2015 年乌拉盖水库高锰酸盐浓度平均值为 6.16mg/L，且西部浓度整体低于东部。

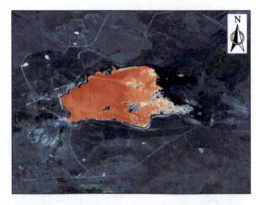

图 4-3　2015 年乌拉盖水库总氮浓度空间分布　　　　图 4-4　2015 年乌拉盖水库高锰酸盐分布

　　依据悬浮物反演模型，得到 2015 年乌拉盖水库悬浮物浓度的空间分布图以及浓度统计表，见图 4-5 和表 4-6。

表 4-6　　　　　　　　　　　　乌拉盖水库悬浮物浓度统计　　　　　　　　　　　单位：mg/L

年份	最大值	最小值	平均值
2015	46.92	1.48	9.52

　　由图 4-5 和表 4-6 可知，2015 年乌拉盖水库悬浮物浓度平均值为 9.52mg/L，且北部浓度整体低于南部。

　　依据透明度反演模型，得到 2015 年乌拉盖水库透明度的空间分布图以及统计表，见图 4-6 和表 4-7。

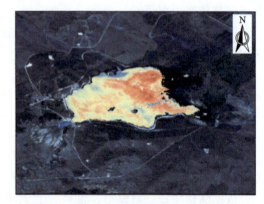

图 4-5　2015 年乌拉盖水库悬浮物分布　　　　图 4-6　2015 年乌拉盖水库透明度空间分布

表 4-7　　　　　　　　　　　　乌拉盖水库透明度统计　　　　　　　　　　　单位：cm

年份	最大值	最小值	平均值
2015	139.24	9.94	82.82

　　由图 4-6 和表 4-7 可知，2015 年乌拉盖水库透明度平均值为 82.82cm，且西部整体低于东部。

4.1.1.3 河流水质综合营养状态

评价河流营养状态，需要对叶绿素 a 浓度、总磷浓度、总氮浓度、高锰酸盐浓度和透明度 5 个指标进行营养状态评价。依据各指标反演结果，结合营养状态计算公式，得出各指标的营养状态指数，由各指标营养状态所占权重可得综合营养状态指数。

乌拉盖水库营养状态评价见表 4-8。

表 4-8 乌拉盖水库营养状态评价

年份	指　标	最大值	最小值	平均值
2015	叶绿素 a	70.09	62.01	62.75
	总磷	29.12	0.00	27.20
	总氮	67.18	53.84	66.61
	高锰酸盐	55.48	48.99	49.47
	透明度	44.76	95.97	54.84
	综合营养状态指数	53.15		

由于高分影像成像的局限性，只能获得 2015 年的乌拉盖水库影像，综合营养状态指数为 53.15，属于轻度富营养化状态。

4.1.2 土地遥感监测与互馈分析

4.1.2.1 土地利用

(1) 1998 年精度评估结果。1998 年乌拉盖水库土地利用分类共使用 430 个样本点进行精度评估，具体样本点分布情况见图 4-7。其中，389 个样本点分类正确，最终总体精度为 90.46%，Kappa 系数为 0.88，分类结果比较准确，见表 4-9。其中，水体与建设用地分类精度高，草地分类精度相对较低，易与耕地混分。

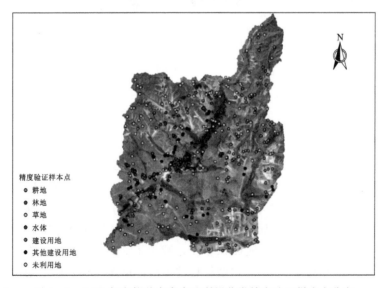

图 4-7 1998 年乌拉盖水库水地利用分类精度验证样本点分布

表 4 – 9 　　　　　　　1998 年乌拉盖水库土地利用分类结果混淆矩阵与评价精度

精度评价样本标签		预测类型及数量							评价指标			
土地利用类型	数量	耕地	林地	草地	水体	建设用地	其他建设用地	未利用地	用户精度/%	生产者精度/%	总体分类精度/%	Kappa系数
耕地	96	85	2	4		4	1		93.41	88.54		
林地	41	1	40						81.63	97.56		
草地	122	5	7	96	5		8	1	93.20	78.69		
水体	55				55				91.67	100.00	90.46	0.88
建设用地	36					36			90.00	100.00		
其他建设用地	41						41		82.00	100.00		
未利用地	39			3				36	97.30	92.31		

（2）2020 年精度评估结果。2020 年乌拉盖水库土地利用分类共使用 468 个样本点进行精度评估，具体见图 4 – 8。其中，404 个样本点分类正确，最终总体精度为 86.32%，Kappa 系数为 0.83，分类结果比较准确，见表 4 – 10。

图 4 – 8　2020 年乌拉盖水库土地利用分类精度验证样本点分布

（3）土地利用变化。1998—2022 年乌拉盖水库每两年土地利用类型及面积见图 4 – 9 和表 4 – 11。由表 4 – 11 和图 4 – 9 可以看出，耕地面积呈现持续降低态势，2022 年耕地面积与 1998 年耕地面积相比，减少了 27.52%。建设用地、其他建设用地、未利用地的面积增幅较大，但面积变化较小，三类用地 24 年间分别增加 4.30km²、12.20km²、046km²；林地面积较 1998 年增加 70.48%。高覆盖度面积在减少，其中，2022 年高覆盖度草地面积与 1998 年高覆盖度草地面积相比，减少了 34.24%，低覆盖度草地、中覆盖度草地在增加，2022 年较 1998 年面积增长超过 2 倍，草地面积总体上增加。水体面积总体呈现萎缩趋势，出现这种结果的原因是 1998 年乌拉盖水库所在区域出现超强降水，东乌珠穆沁旗气象站年降水统计量为 492.50mm，属于特丰水年，遥感影像统计研究区水体面积属于历史极值，水体面积达到 106.09km²；2005 年水库重新建成后，可以发现2006—2022 年水体面积呈现波动增加态势，2022 年水体面积较 2006 年增加了 14.30km²。

表 4-10　　　　　**2020 年乌拉盖水库土地利用分类结果混淆矩阵与评价精度**

精度评价样本标签		预测类型及数量							评价指标			
土地利用类型	数量	耕地	林地	草地	水体	建设用地	其他建设用地	未利用地	用户精度/%	生产者精度/%	总体分类精度/%	Kappa系数
耕地	92	57	5	30					96.61	61.96		
林地	30		23	7					82.14	76.67		
草地	142	2		134	1		2	2	96.61	61.96		
水体	82			4	78				82.14	76.67	86.32	0.83
建设用地	40			6		33	1		96.61	61.96		
其他建设用地	52			2			50		82.14	76.67		
未利用地	30				1			29	96.61	61.96		

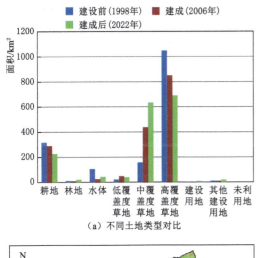

（a）不同土地类型对比

（b）1998年土地利用类型

（c）2006年土地利用类型

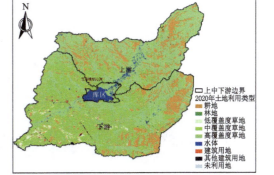

（d）2000年土地利用类型

图 4-9　乌拉盖水库建设前后土地利用类型变化

表 4-11　　　　　　　　　乌拉盖水库 1998—2020 年土地利用类型解译结果　　　　单位：km²

年份	耕地	林地	水体	低覆盖度草地	中覆盖度草地	高覆盖度草地	建设用地	其他建设用地	未利用地
1998	317.20	10.50	107.10	22.00	162.00	1046.70	1.60	6.90	0.00
2000	303.50	10.60	18.30	47.70	474.10	810.70	1.60	7.30	0.01
2002	299.60	10.40	16.30	164.70	514.00	659.80	1.70	7.40	0.02
2004	299.00	10.50	18.00	64.10	426.40	846.30	1.80	7.80	0.02
2006	288.10	10.50	26.40	48.30	439.30	850.60	2.00	8.70	0.02
2008	274.40	10.50	23.70	119.20	445.00	789.10	2.60	9.30	0.02
2010	264.30	10.20	32.90	67.00	597.60	686.70	2.80	12.50	0.02
2012	241.40	12.40	33.10	358.70	659.90	350.40	4.90	13.30	0.09
2014	237.90	12.70	42.40	223.80	570.00	564.90	5.40	16.70	0.09
2016	230.40	12.70	20.80	379.00	486.40	522.30	5.50	16.60	0.09
2018	226.30	17.10	33.00	90.30	435.20	849.60	5.50	16.60	0.46
2020	228.40	17.10	39.10	56.90	586.00	722.80	5.70	16.60	0.46
2022	229.90	17.90	40.70	41.30	631.30	688.30	5.90	19.10	0.46

　　为进一步厘清水库建设前后所在的研究区土地利用类型转移状态，分析 1998—2022年的土地利用类型转移矩阵，结果见表 4-12 和图 4-10。可以看出研究区近 20 年来不同土地利用类型除面积变化外，其空间分布变化更为频繁，其中，66%的耕地维持了 1998年状态，32%的耕地转化成了中高覆盖度草地，与此同时，原来的高覆盖度草地也因社会变迁变更成了耕地，部分耕地因种种原因恢复成了中高覆盖度草地；另外，1998 年与2022 年相比，原有的水体变成高覆盖度草地，但考虑 1998 年由于乌拉盖水库垮坝和降水偏多造成的影响，1999—2004 年水体面积仅有 17.37km²，2022 年达到 40.70km²，乌拉盖水库所在区域的水体面积呈明显增加态势。

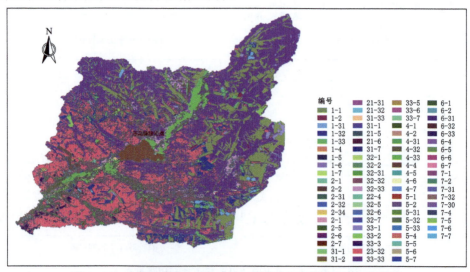

图 4-10　乌拉盖水库 1998—2020 年不同土地利用类型空间转移

表 4-12　　　　乌拉盖水库 1998—2020 年土地利用状态转移矩阵　　　　单位：km²

状态转移矩阵		2022 年									
		耕地	林地	低覆盖度草地	中覆盖度草地	高覆盖度草地	水体	建设用地	其他建设用地	未利用土地	总计
1998 年	耕地	207.86	2.56	13.00	56.68	32.81	0.02	0.12	1.13	0.01	314.18
	林地	0.19	9.32	0.23	0.56	0.07	0.00	0.00	0.00	0.00	10.37
	低覆盖度草地	0.21	0.45	2.42	8.11	9.83	0.47	0.12	0.17	0.00	21.76
	中覆盖度草地	1.61	0.11	14.05	82.81	58.87	0.90	0.83	1.12	0.20	160.50
	高覆盖度草地	15.84	4.25	23.17	413.23	567.59	1.94	3.30	7.36	0.24	1036.91
	水体	0.56	0.28	3.40	19.20	46.49	35.43	0.03	0.69	0.00	106.08
	建设用地	0.00	0.00	0.08	0.13	0.25	0.00	1.09	0.03	0.00	1.58
	其他建设用地	0.00	0.00	0.07	0.65	0.07	0.00	0.13	5.91	0.00	6.84
	未利用土地	0.00	0.00	0.00	0.00	0.00	0.00	0.00	0.00	0.00	0.00
	总计	278.04	2.75	31.74	553.40	747.47	36.70	3.83	4.07	0.22	1658.22

4.1.2.2　土壤侵蚀

经过计算分析，得到乌拉盖水库 1998—2022 年土壤侵蚀强度结果，其中 1998 年、2022 年土壤侵蚀强度见图 4-11 和图 4-12。

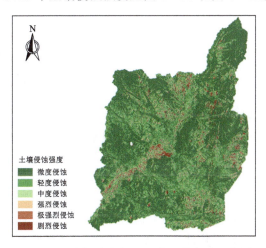

图 4-11　乌拉盖水库 1998 年土壤侵蚀强度图　　　图 4-12　乌拉盖水库 2022 年土壤侵蚀强度图

乌拉盖水库 1998—2022 年不同等级土壤侵蚀面积及比例见表 4-13。

表 4-13　　　　乌拉盖水库 1998—2022 年土壤侵蚀变化

年份	重度侵蚀		中度侵蚀		轻度及以下侵蚀	
	面积/km²	比例/%	面积/km²	比例/%	面积/km²	比例/%
1998	73.96	4.42	152.54	9.11	1447.41	86.47
2000	17.89	1.07	71.45	4.27	1584.56	94.66
2002	37.42	2.24	109.87	6.56	1526.62	91.20

年份	重度侵蚀		中度侵蚀		轻度及以下侵蚀	
	面积/km²	比例/%	面积/km²	比例/%	面积/km²	比例/%
2004	33.36	1.99	98.42	5.88	1542.13	92.13
2006	20.71	1.24	79.89	4.77	1573.31	93.99
2008	52.93	3.16	140.90	8.42	1480.07	88.42
2010	28.62	1.71	113.28	6.77	1532.01	91.52
2012	179.51	10.72	299.76	17.91	1194.64	71.37
2014	54.76	3.27	159.11	9.51	1460.04	87.22
2016	60.93	3.64	177.83	10.62	1435.16	85.74
2018	83.90	5.01	190.40	11.37	1399.61	83.61
2020	71.40	4.27	193.66	11.57	1408.86	84.17
2022	88.72	5.30	232.67	13.90	1354.19	80.90

由图 4-11、图 4-12 和表 4-13 可知，乌拉盖水库 1998—2022 年土壤侵蚀总体上看变化不大，呈现出土壤侵蚀减弱的趋势，其中轻度以下侵蚀面积由 1447.41km² 下降到 1354.19km²，对应比例由 86.47% 下降到 80.90%；中度、重度侵蚀面积则有所增加，面积分别由 152.54km² 上升到 232.67km²、73.96km² 上升到 88.72km²，所占比例则分别上升 4.79%、0.88%。

4.1.3　气象遥感监测与互馈分析

4.1.3.1　降水

1. 时间尺度变化特征

（1）年际变化特征。选择乌拉盖国家气象观测站（50913）为典型代表站，系统分析研究区内降水年际变化特征。根据降水统计资料，1971—2022 年乌拉盖水库平均降水量为 327.7mm，丰水年（P=25%）、平水年（P=50%）、枯水年（P=75%）对应的典型年降水量分别为 382.4mm（2020 年）、319.1mm（1978 年）、268.8mm（1980 年），见图 4-13。

从乌拉盖国家气象观测站 51 年降水变化曲线来看（见图 4-14），研究区所在位置的降水呈现平稳波动、略有增加的特点，SPSS 统计分析软件计算线性回归方程显著性参数 P=0.516>0.1，这种降水的增加趋势并不明显，另外，乌拉盖水库建成（1980 年）前后、重建（2005 年）前后，水库所在的研究区降水并未出现持续性地增减。

（2）年内变化趋势分析。为分析流域降水量年内变化趋势，进一步了解降水随季节的变化规律，利用气象站逐日降水资料得到乌拉盖国家气象观测站年内降水变化曲线，见图 4-15。由此看出，降水主要发生在夏季（6—8 月），该时期累计降水量占流域全年降水量的 2/3 以上；其中贡献最大的是 7 月，月降水量占年降水总量的近 30%。这表明"干燥少雨、降水集中"的温带大陆性气候特点在乌拉盖水库表现较为突出。

2. 降水空间变化特征

基于乌拉盖国家气象观测站、霍林郭勒国家基准气候站、巴雅尔吐胡硕、阿尔山等月

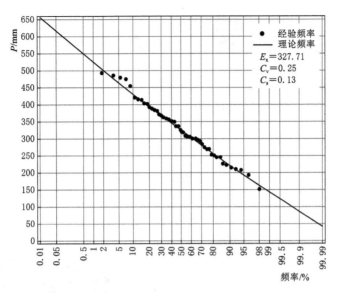

图 4-13　乌拉盖国家气象观测站 1971—2022 降水量 P-Ⅲ型频率曲线

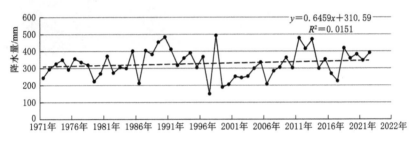

图 4-14　乌拉盖国家气象观测站年降水量变化

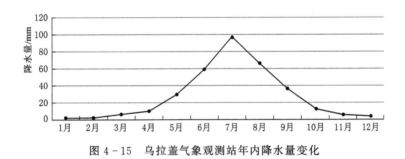

图 4-15　乌拉盖气象观测站年内降水量变化

平均实测数据，利用 ArcGIS 进行空间插值法计算乌拉盖水库多年平均（1998—2022 年）、建成前（1998—2004 年）、建成后（2005—2022 年）空间变化特征，见图 4-16。对比降水结果显示，1998—2022 年多年平均降水量为 365.71mm/a，水库加固建设前（1998—2004 年）为 325.30mm/a，建成后（2005—2022 年）降水平均值为 381.62mm/a。

　　对比乌拉盖水库建设前后不同时期的降水量，建成后时期降水较建成前增加了 56.32mm；从空间分布上看，乌拉盖水库建设前后，降水高值区在水库库区及上游位置处。在此基础上，本书利用趋势分析法研究了乌拉盖水库所在区域降水的时间变化特征，

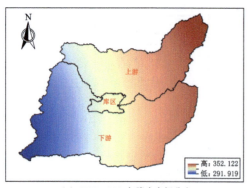

（a）1998—2004年降水空间分布

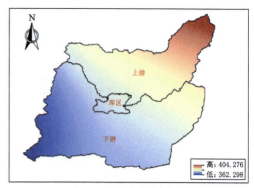

（b）2005—2022年降水空间分布

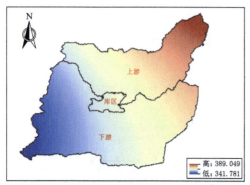

（c）1998—2022年降水空间分布

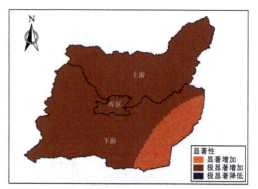

（d）降水变化趋势及显著性检验

图4-16　乌拉盖水库不同时期降水空间分布及变化趋势分析（单位：mm）

发现降水呈现波动增长的趋势，其线性增长速率约为0.65mm/a。

为进一步剖析乌拉盖水库研究区的降水变化，解析得到1998—2022年降水不同空间位置变化趋势，并划分为极显著增加（增速$b>0$，$p<0.01$）、显著增加（增速$b>0$，$0.01 \leqslant p<0.05$）、非显著性增加（增速$b>0$，$p \geqslant 0.05$）、非显著性降低（增速$b<0$，$p \geqslant 0.05$）、轻微降低（增速$b<0$，$0.01 \leqslant p<0.05$）、显著降低（增速$b<0$，$p<0.01$）6个等级，并分析乌拉盖水库1998—2022年降水变化趋势及显著性检验结果。从图4-16中可以进一步印证研究区降水总体呈现增加态势，降水增加的态势覆盖全部研究区。

4.1.3.2　温度

1. 时间尺度变化特征

（1）年际变化特征。选择乌拉盖国家气象观测站（50913）为典型代表站，系统分析研究区内温度年际变化特征，图4-17。根据温度统计资料，乌拉盖水库1971—2022年平均温度为0.4℃，丰水年（$P=25\%$）、平水年（$P=50\%$）、枯水年（$P=75\%$）对应的典型年温度分别为1.4℃（2020年）、-0.8℃（1978年）、-0.3℃（1980年）。

从乌拉盖气象观测站52年的温度变化曲线来看（见图4-17），研究区所在位置的温度呈现平稳增加的态势，SPSS统计分析软件计算线性回归方程显著性参数$P=0.00<0.01$，温度增加特征具有显著性，线性回归方程显示温度增幅0.4℃/10a，乌拉盖水库建成（1980年）后，水库所在的研究区温度增幅更大，达到0.5℃/10a。

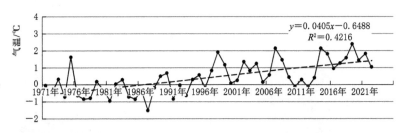

图 4-17　乌拉盖气象观测站年温度变化

（2）年内变化趋势分析。为分析水库所在区域的温度年内变化趋势，进一步了解温度随季节变化规律，利用气象站逐日温度资料得到乌拉盖国家气象站年内温度变化曲线，见图 4-18。由图 4-18 可知，温度最高峰出现在 7 月，达到 20.2℃，冬季（12 月、1 月）处于全年最低。

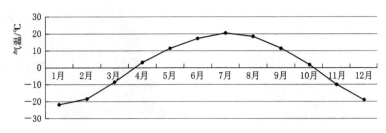

图 4-18　乌拉盖气象观测站年内温度变化

2. 温度空间变化特征

基于乌拉盖国家气象观测站、霍林郭勒国家基准气候站、巴雅尔吐胡硕、阿尔山等月平均实测数据，利用 ArcGIS 空间插值法计算乌拉盖水库多年平均（1998—2022 年）、建成前（1998—2004 年）、建成后（2005—2022 年）空间变化特征。对比温度结果显示（见图 4-19），1998—2022 年多年平均温度为 1.6℃，水库建设前（1998—2004 年）多年平均温度量为 1.2℃，建成后（2005—2022 年）多年平均温度为 1.8℃。

对比乌拉盖水库建设前后不同时期的温度变化，建成后较建成前温度升高了 0.6℃，另外空间分布上，乌拉盖水库建设前后温度分布较为一致，总体上是东南低纬度地区温度高，西北高纬度地区温度低，见图 4-19（d）。为进一步剖析乌拉盖水库研究区的温度变化，解析得到 2001—2022 年温度不同空间位置变化趋势，并划分为极显著增加（增速 $b>0$，$p<0.01$）、显著增加（增速 $b>0$，$0.01 \leqslant p<0.05$）、非显著性增加（增速 $b>0$，$p \geqslant 0.05$）、非显著性降低（增速 $b<0$，$p \geqslant 0.05$）、轻微降低（增速 $b<0$，$0.01 \leqslant p<0.05$）、显著降低（增速 $b<0$，$p<0.01$）6 个等级，并分析乌拉盖水库 1998—2022 年温度变化趋势及显著性检验结果。从图 4.19（d）可以看出，总体呈现增加趋势，且这种趋势变化较为显著。

4.1.3.3　湿度

1. 时间尺度变化特征

（1）年际变化特征。选择乌拉盖国家气象观测站（50913）为典型代表站，系统分析研究区内湿度年际变化特征，见图 4-20。根据湿度统计资料，乌拉盖水库 1971—2022

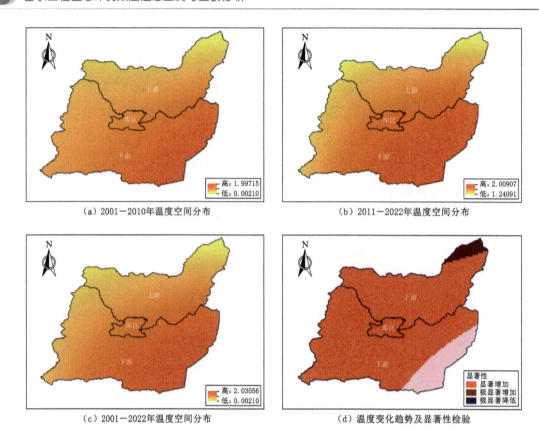

（a）2001—2010年温度空间分布　　　　　　（b）2011—2022年温度空间分布

（c）2001—2022年温度空间分布　　　　　　（d）温度变化趋势及显著性检验

图 4-19　乌拉盖水库不同时期温度空间分布及变化趋势分析（单位：℃）

年平均湿度为 65.0%，丰水年（$P=25\%$）、平水年（$P=50\%$）、枯水年（$P=75\%$）对应的典型年湿度分别为 63.0%（2020 年）、66.1%（1978 年）、60.7%（1980 年）。

从乌拉盖气象观测站 52 年湿度变化曲线来看（见图 4-20），研究区所在位置的湿度呈现平稳略减的态势，SPSS 统计分析软件计算线性回归方程显著性参数 $P=0.06>$ 0.05，湿度减少特征不明显。

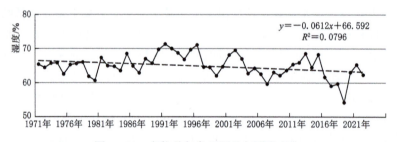

图 4-20　乌拉盖气象观测站年湿度变化

（2）年内变化趋势分析。为分析水库所在区域的湿度年内变化趋势，进一步了解湿度随季节变化规律，利用气象站逐日湿度资料得到乌拉盖国家气象站年内湿度变化曲线，见图 4-21。乌拉盖水库所在地区的湿度相对较高，仅在春末、秋末等风速较大的月份，湿度低于全年平均水平。

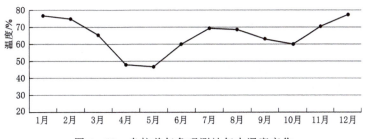

图 4-21　乌拉盖气象观测站年内湿度变化

2. 湿度空间变化特征

基于乌拉盖国家气象观测站、霍林郭勒国家基准气候站、巴雅尔吐胡硕、阿尔山等月平均实测数据，利用 ArcGIS 空间插值法计算乌拉盖水库多年平均（1998—2022 年）、建成前（1998—2004 年）、建成后（2005—2022 年）空间变化特征。对比湿度结果显示（见图 4-22），1998—2022 年多年平均湿度为 60.8%，水库加固建设前（1998—2004 年）为 62.6%，建成后（2005—2022 年）湿度平均值为 60.0%。

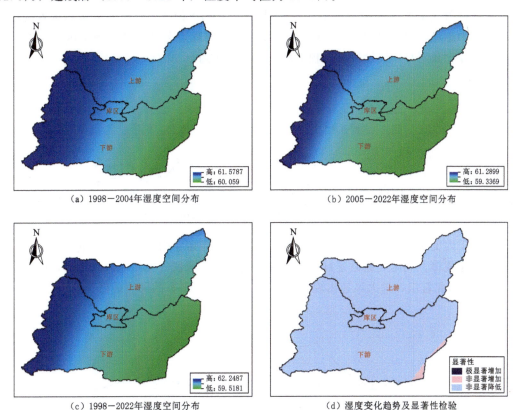

（a）1998—2004年湿度空间分布　　　　　　　（b）2005—2022年湿度空间分布

（c）1998—2022年湿度空间分布　　　　　　　（d）湿度变化趋势及显著性检验

图 4-22　乌拉盖水库不同时期湿度空间分布及变化趋势分析（%）

对比乌拉盖水库建设前后不同时期的湿度量，建成后湿度较建成前降低了 2.6%；从空间分布上看，乌拉盖水库建设前后，湿度高值区在研究区西北侧高纬度地带。在此基础上，本研究利用趋势分析法研究了乌拉盖水库所在区域湿度的时间变化特征，发现湿度降低的幅度并不大，见图 4－22（d）。

为进一步剖析乌拉盖水库研究区的湿度变化，解析得到 1998—2022 年湿度不同空间位置变化趋势，并划分为极显著增加（增速 $b>0$，$p<0.01$）、显著增加（增速 $b>0$，$0.01 \leqslant p<0.05$）、非显著性增加（增速 $b>0$，$p \geqslant 0.05$）、非显著性降低（增速 $b<0$，$p \geqslant 0.05$）、轻微降低（增速 $b<0$，$0.01 \leqslant p<0.05$）、显著降低（增速 $b<0$，$p<0.01$）6 个等级，并分析了乌拉盖水库 1998—2022 年湿度变化趋势及显著性检验结果。从图 4－22（d）中可以进一步印证研究区湿度总体呈现降低态势，基本覆盖了整个研究区，但这种降低幅度不大。

4.1.3.4　风速

1. 时间尺度变化特征

（1）年际变化特征。选择乌拉盖国家气象观测站（50913）为典型代表站，系统分析研究区内风速年际变化特征，见图 4－23。根据风速统计资料，乌拉盖水库 1971—2022 年平均风速为 3.4m/s，丰水年（$P=25\%$）、平水年（$P=50\%$）、枯水年（$P=75\%$）对应的典型年风速分别为 2.7m/s（2020 年）、4.5m/s（1978 年）、5.3m/s（1980 年）。

从乌拉盖气象观测站 52 年风速变化曲线来看（见图 4－23），研究区所在位置的风速呈现下降的态势，SPSS 统计分析软件计算线性回归方程显著性参数 $P=0.00<0.01$，风速减少特征比较明显，线性回归方程显示风速减幅达到 0.5m/(s·10a)。

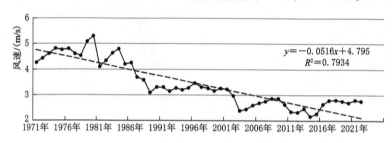

图 4－23　乌拉盖气象观测站年风速变化

（2）年内变化趋势分析。为分析水库所在区域的风速年内变化趋势，进一步了解风速随季节变化规律，利用气象站逐日风速资料得到乌拉盖国家气象站年内风速变化曲线，见图 4－24。由此看出，最大风速出现在 4 月、5 月，夏、冬季的风速最低。

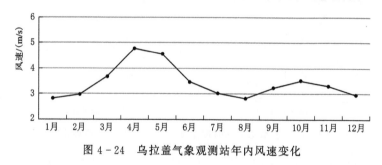

图 4－24　乌拉盖气象观测站年内风速变化

2. 风速空间变化特征

基于乌拉盖国家气象观测站、霍林郭勒国家基准气候站、巴雅尔吐胡硕、阿尔山等月平均实测数据，利用 ArcGIS 空间插值法计算乌拉盖水库多年平均（1998—2022 年）、建成前（1998—2004 年）、建成后（2005—2022 年）空间变化特征。对比风速结果显示（见图 4-25），1998—2022 年多年平均风速为 3.12m/s，水库加固建设前（1998—2004 年）为 3.0m/s，建成后（2005—2022 年）风速平均值为 3.1m/s。

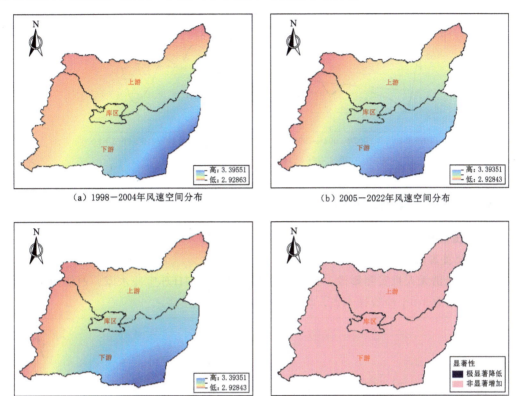

（a）1998—2004 年风速空间分布　　　　　（b）2005—2022 年风速空间分布

（c）1998—2022 年风速空间分布　　　　　（d）风速变化趋势及显著性检验

图 4-25　乌拉盖水库不同时期风速空间分布及变化趋势分析（单位：m/s）

对比乌拉盖水库建设前后不同时期的风速，建成后风速较建成前降低了 0.1m/s；从空间分布上看，乌拉盖水库建设前后，风速高值区在研究区东南侧低纬度地带。在此基础上，本研究利用趋势分析法研究了乌拉盖水库所在区域风速的时间变化特征，发现风速增加的幅度并不大，见图 4-25（d）。

为进一步剖析乌拉盖水库研究区的风速变化，解析得到 1998—2022 年风速不同空间位置变化趋势，并划分为极显著增加（增速 $b>0$，$p<0.01$）、显著增加（增速 $b>0$，$0.01 \leqslant p<0.05$）、非显著性增加（增速 $b>0$，$p \geqslant 0.05$）、非显著性降低（增速 $b<0$，$p \geqslant 0.05$）、轻微降低（增速 $b<0$，$0.01 \leqslant p<0.05$）、显著降低（增速 $b<0$，$p<0.01$）6 个等级，并分析了乌拉盖水库 1998—2022 年风速变化趋势及显著性检验结果。从图 4-25（d）可以进一步印证研究区风速总体呈现增加态势，基本覆盖了整个研究区，但这种增幅不大。

4.1.3.5　干旱

1998—2020 年，乌拉盖水库流域的 *SPI* 变化趋势如图 4-26 所示。1998—2020 年间，*SPI* 值呈持续上升的趋势，并通过了 99% 的显著性检验，表明该地区干旱情况在逐渐减缓。期间，乌拉盖水库流域遭遇了 5 次干旱事件，分别在 1999 年、2004 年、2006 年、2010 年和 2017 年，除了 1999 年乌拉盖水库流域经历了极度干旱事件外，其余干旱事件均为轻度和中度。

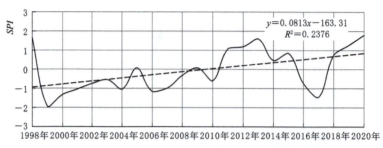

图 4-26　乌拉盖水库 *SPI* 变化图

4.1.4　生态遥感监测与互馈分析

4.1.4.1　植被覆盖

1. 植被覆盖精度评估

基于多光谱无人机实测影像，在乌拉盖水库中游、德日苏宝冷水库、西柳沟淤地坝系上中下游各选取 10 个检验样本点，样本点分布如图 4-27 所示。

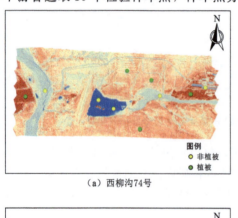

（a）西柳沟74号　　　　（b）榆树塔坝

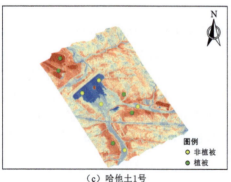

（c）哈他土1号　　　　（d）乌拉盖水库中游

图 4-27（一）　植被覆盖检验样本点分布

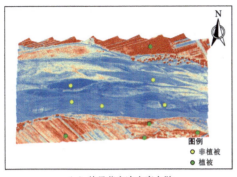
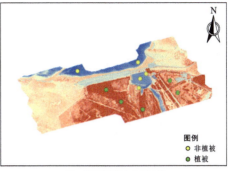

（e）德日苏宝冷水库上游　　　　　　　　　　（f）德日苏宝冷水库中游

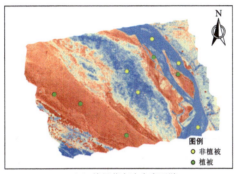

（g）德日苏宝冷水库下游

图 4-27（二）　植被覆盖检验样本点分布

7 个样本点均匀分布于研究区内，应用 ArcGIS10.7 将样本分别导入 MNDWI 影像，通过建立混淆矩阵的方法计算出总体精度进行精度评价分析。计算公式如下：

$$OA = \frac{1}{N} \sum_{i=1}^{r} x_{ii}$$

式中：x_{ii} 为正确的样本数；N 为总样本数。

经计算，使用 $MNDWI$ 指数提取德日苏宝冷水库河流形态总体精度为 82.86%，符合研究精度要求。

2. 植被覆盖度变化

从表 4-14 中可以看出，乌拉盖水库流域 $NDVI$ 指数平均值总体呈先上升后下降的趋势，其中部分年份的部分季度由于云层的影响，其 $NDVI$ 指数较往年会出现很大变化，本研究中将这些季度的 $NDVI$ 指数当作异常值处理。$NDVI$ 指数的全年最大值出现在每年的第三季度，在 2004 年水库加固之后，流域的 $NDVI$ 指数呈先下降后上升的趋势。

由于部分影像受云层影响严重，所以本研究以 1999 年作为水库建成前的代表年。从空间上来看，水库建成后乌拉盖水库流域植被覆盖度整体呈下降趋势，水库西北部丘陵地带下降较为明显。

乌拉盖水库建设前后 $NDVI$ 指数变化见图 4-28。

表 4－14　　　　　　　　乌拉盖水库 1998—2022 年 *NDVI* 指数平均值

年份	第一季度	第二季度	第三季度	第四季度
1998	0.11	0.13（云）	0.32	0.03
2000	0.05	0.20	0.20	0.03
2002	0.14	0.17	0.45	0.03
2004	0.05	0.16	0.38	0.03
2006	0.06	0.15	0.37	0.09
2008	0.13	0.12（云）	0.29	0.13
2010	0.05	0.10（云）	0.32	0.02
2012	－0.08（云）	0.17	0.52	0.19
2014	0.06	0.24	0.19（云）	0.10
2016	0.03	0.34	0.19（云）	0.03
2018	0.06	0.25	0.44	0.20
2020	0.04	0.04（云）	0.25	0.06
2022	0.10	0.12	0.27	0.13

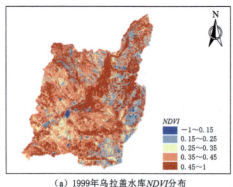
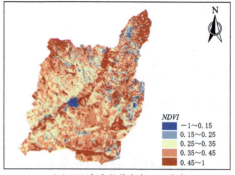

（a）1999 年乌拉盖水库 *NDVI* 分布　　　　　（b）2006 年乌拉盖水库 *NDVI* 分布

图 4－28　乌拉盖水库建设前后 *NDVI* 指数变化

4.1.4.2　净初级生产力

　　乌拉盖水库研究区 2003—2022 年间每 5 年的平均净初级生产力（*NPP*）的空间分布如图 4－29 所示。从空间角度上，可以明显发现乌拉盖水库研究区净初级生产力分布较为一致，说明水库对流域生态环境的影响比较均衡，水库周边的生态环境相对稳定；从时间角度上，2003—2022 年间净初级生产力有大幅提升，说明该区域生态系统的生产力得到了提高，生态环境质量有较大改善。

　　图 4－30 显示了乌拉盖水库流域 *NPP* 的空间趋势特征（*Z* 值）。*NPP* 呈显著上升趋势（*Z*＞1.65）的区域面积占比达 94.5%，其中流域西部山地极显著增加趋势占比远高于流域内其他区域。可以发现除部分流域边缘地区 *NPP* 变化不明显外，水库实控区外 *NPP* 均有显著增长。

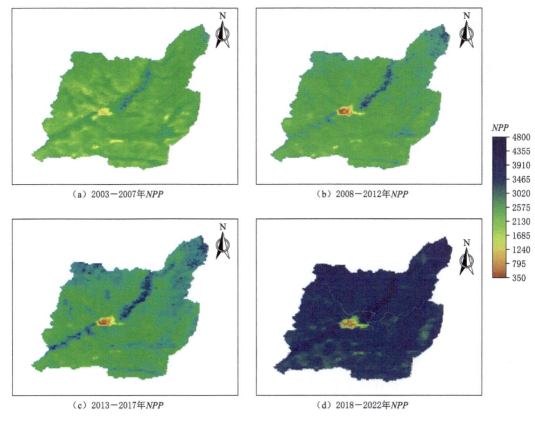

（a）2003—2007年*NPP*　　　　　　　（b）2008—2012年*NPP*

（c）2013—2017年*NPP*　　　　　　　（d）2018—2022年*NPP*

图4-29　2003—2022年乌拉盖水库净初级生产力空间分布

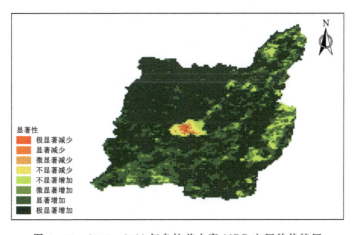

图4-30　2003—2022年乌拉盖水库*NPP*空间趋势特征

4.1.4.3　生态环境指数

　　基于上述分析结果，就可以分别计算研究区生境质量指数、植被覆盖度指数、水网密度指数、土地胁迫指数，进而利用生态环境状况指数综合分析研究区生态环境状况变化情况。1998—2022年乌拉盖水库生境质量指数如图4-31所示。

由图 4-31 可见，1998—2022 年，乌拉盖水库研究区生境质量指数稳定维持在 50 左右，且长期表现出平稳趋势。从生境质量的角度分析，2004 年水库的加固建设对于生境质量的影响并不大，指数的波动可能更多地受气象、降水等自然因素的影响，同时考虑到乌拉盖水库生态环境质量较高，水库对于生态环境高质量的维持具有保障作用。乌拉盖水库生境质量指数呈现出波动中下降的总体趋势，但是从 2016 起生境质量指数持续上升，并在近年表现出较高水平。由于生境质量指数主要取决于土地利用类型，因此生境质量指数的变化反映了自然和人为双重因素的影响。

1998—2022 年乌拉盖水库植被覆盖度指数变化如图 4-32 所示。

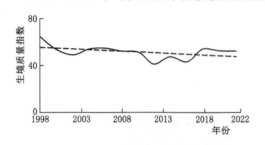

图 4-31　1998—2022 年乌拉盖水库
生境质量指数变化

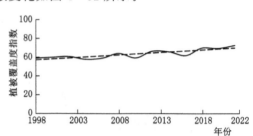

图 4-32　1998—2022 年乌拉盖水库
植被覆盖度指数变化

结果表明，1998—2022 年，乌拉盖水库研究区植被覆盖度指数稳定维持在 63 左右，乌拉盖水库植被覆盖度指数呈现逐渐上升的总体趋势，由 1998 年的 59.43 上升到 2022 年的 73.12。

1998—2022 年乌拉盖水库水网指数变化如图 4-33 所示。

结果表明，1998—2022 年，乌拉盖水库研究区水网密度指数基本维持在 199 左右，且变化幅度较小，长期表现出稳定趋势，反映出蓄水工程建设对于项目区水网密度的稳定向好有所贡献，也说明水库建设对于研究区河流湖泊面积保持、水资源量的稳定具有良好的改善作用。乌拉盖水库水网密度指数波动中呈现逐渐上升的趋势，由于水域面积与降水等气象条件密切相关，因此该指数理应变化较大，但由于水库的建设对水网密度起到了促进稳定的作用，表现为水网密度指数变化比较平稳。

1998—2022 年乌拉盖水库土地胁迫指数变化如图 4-34 所示。

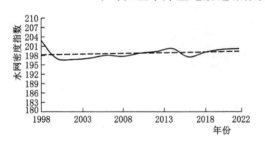

图 4-33　1998—2022 年乌拉盖水库
水网密度指数变化

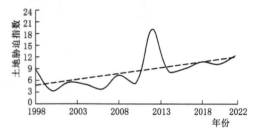

图 4-34　1998—2022 年乌拉盖水库
土地胁迫指数变化

乌拉盖水库土地胁迫指数波动较大，总体趋势呈现出土地胁迫加剧的趋势，尤其在

2012 年土地胁迫达到历年峰值，主要原因在于这一年研究区重度侵蚀、中度侵蚀面积较大。

经过计算，得到 1998—2022 年乌拉盖水库生态环境指数变化如图 4-35 所示。

总体来看，乌拉盖水库研究区生态环境指数变化不大，反映了该项目区生态环境比较稳定。数值上，生态环境指数保持在 90 左右，按照生态环境等级划分，始终处于最高等级优等范围，客观地反映了天堂草原乌拉盖优良的生态环境。

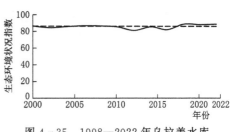

图 4-35　1998—2022 年乌拉盖水库
生态环境指数变化

4.2　德日苏宝冷水库生态环境效应遥感监测与互馈分析

4.2.1　水文遥感监测与互馈分析

4.2.1.1　河流形态

为更好地分析德日苏宝冷水库建设前后所在区域的河流形态演变特征，本研究利用 MNDWI 水体指数法对研究区 2000—2022 年的 Landsat 影像解译，得到德日苏宝冷水库 2000—2022 年每两年河流长度与湖库面积，结果见表 4-15。

表 4-15　　　　　　　　　　德日苏宝冷水库河流长度与湖库面积

年份	河流长度/km	湖泊面积/km²	年份	河流长度/km	湖泊面积/km²
2000	243.24	0.44	2012	136.72	7.57
2002	163.09	0.37	2014	127.51	12.00
2004	157.41	0.15	2016	123.81	12.94
2006	160.65	0.20	2018	125.86	12.28
2008	139.35	0.12	2020	126.44	11.43
2010	127.91	7.01	2022	125.77	12.94

从表 4-15 中可以看出，德日苏宝冷水库河流长度基本保持在 130km 左右，湖库面积则呈现持续增加的趋势，其中在水库建设前后的 2008 年与 2010 年，水库面积上升增加 7km² 左右。2012 年以后由于水库的蓄水功能，德日苏宝冷水库全年水域面积稳定在 12km²。

德日苏宝冷水库水域面积季节变化较为明显，属于典型的季节性河流。在每年的春季，流域上的季节性积雪融化、河冰解冻或春雨，引起河流水位上涨，水量增大，因此水库水域最大面积几乎都出现在春季。夏秋季节由于气候干旱、降水稀少、蒸发量大等原因，在水库建成之前河流常常会干涸甚至出现断流。

从空间上来看，水库建成前，上游与下游河流宽度基本一致。在水库建成后，下游河流宽度明显变窄，导致水量减少，见图 4-36。

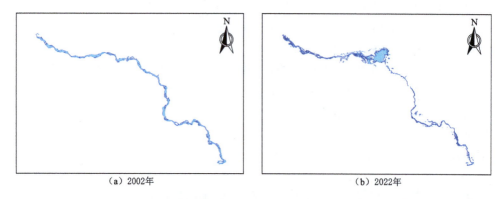

（a）2002年　　　　　　　　　　　　　　　　（b）2022年

图 4-36　2002 年、2022 年德日苏宝冷水库研究区

4.2.1.2　河流水质

根据叶绿素 a 浓度、总磷浓度、总氮浓度、高锰酸盐浓度、悬浮物浓度及透明度反演模型，结合高分影像，对有影像信息的 2015 年、2017 年和 2018 年德日苏宝冷水库水体进行反演。

（1）依据叶绿素 a 反演模型，得到 2015 年、2016 年、2017 年、2018 年、2020 年和 2021 年德日苏宝冷水库叶绿素 a 浓度的空间分布图以及浓度统计表，见图 4-37 和表 4-16。由图 4-37 和表 4-16 可知，德日苏宝冷水库叶绿素 a 浓度在 2015—2021 年整体呈现上升的趋势，平均值由 30.57mg/m³ 上升到 31.47mg/m³，2016 年之后趋于稳定。

（2）依据总磷反演模型，得到 2015 年、2016 年、2017 年、2018 年、2020 年和 2021 年德日苏宝冷水库总磷浓度的空间分布图以及浓度统计表，见图 4-38 和表 4-17。由图 4-38 和表 4-17 可知，德日苏宝冷水库总磷浓度在 2015—2021 年整体呈现先下降后持平的趋势，平均值由 0.0178mg/L 下降到 0.0170mg/L。

（3）依据总氮反演模型，得到 2015 年、2016 年、2017 年、2018 年、2020 年和 2021 年德日苏宝冷水库总氮浓度的空间分布图以及浓度统计表，见图 4-39 和表 4-18。由图 4-39 和表 4-18 可知，德日苏宝冷水库总氮浓度在 2015—2018 年整体呈现先下降后持平的趋势，平均值由 2.10mg/L 下降到 2.06mg/L。

（4）依据高锰酸盐反演模型，得到 2015 年、2016 年、2017 年、2018 年、2020 年和 2021 年德日苏宝冷水库高锰酸盐浓度的空间分布图以及浓度统计表，见图 4-40 和表 4-19。由图 4-40 和表 4-19 可知，德日苏宝冷水库高锰酸盐浓度在 2015—2021 年整体呈现先上升后持平的趋势，平均值由 6.07mg/L 上升到 6.12mg/L。

（5）依据悬浮物浓度反演模型，得到 2015 年、2016 年、2017 年、2018 年、2020 年和 2021 年德日苏宝冷水库悬浮物浓度的空间分布图以及浓度统计表，见图 4-41 和表 4-20。由图 4-41 和表 4-20 可知，德日苏宝冷水库悬浮物浓度在 2015—2021 年整体呈现上下波动的趋势，平均值最高时为 51.82mg/L，最低时为 34.58mg/L，悬浮物多年平均值不稳定的原因可能与成像时的天气有关。

（6）依据透明度反演模型，得到 2015 年、2016 年、2017 年、2018 年、2020 年和 2021 年德日苏宝冷水库透明度的空间分布图以及统计表，见图 4-42 和表 4-21。由图 4-42 和表 4-21 可知，德日苏宝冷水库透明度在 2015—2021 年整体呈现先上升后下降的趋势，其中 2020 年透明度平均值最高为 43.96cm，最低时为 23.58cm。

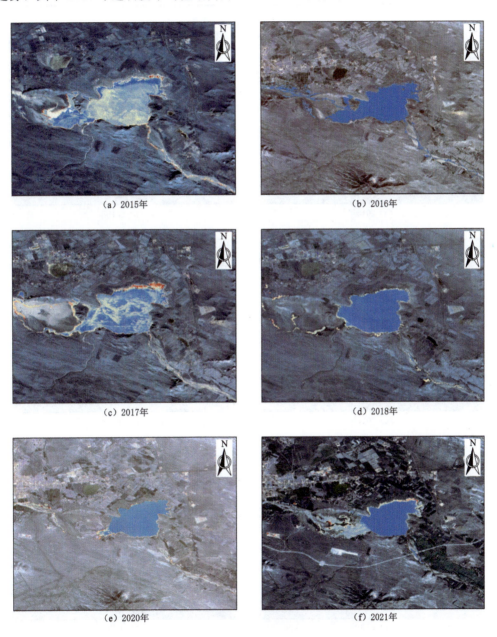

<table>
<tr><td>（a）2015年</td><td>（b）2016年</td></tr>
<tr><td>（c）2017年</td><td>（d）2018年</td></tr>
<tr><td>（e）2020年</td><td>（f）2021年</td></tr>
</table>

图 4-37　德日苏宝冷叶绿素 a 浓度分布

注：图中水库颜色由浅蓝至黄红表示浓度依次增加，下同。

表 4 - 16　　　　　　　　　　　德日苏宝冷叶绿素 a 浓度统计　　　　　　　　　单位：mg/m³

年份	最大值	最小值	平均值	年份	最大值	最小值	平均值
2015	33.31	29.70	30.57	2018	38.54	30.64	31.43
2016	39.28	29.89	31.83	2020	34.95	30.03	31.51
2017	34.94	29.70	31.38	2021	29.70	37.44	31.47

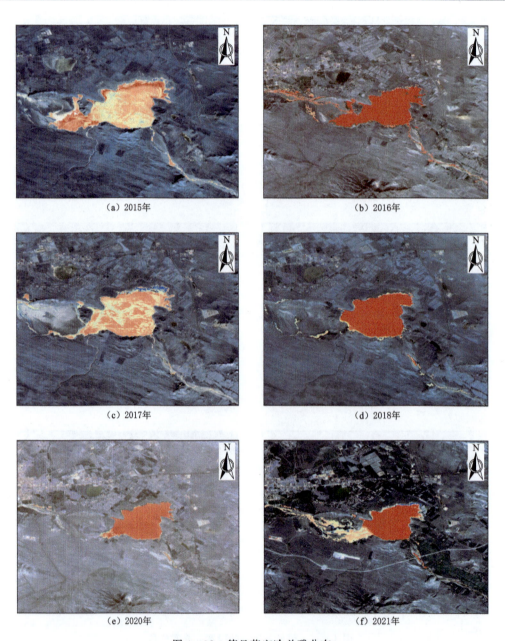

（a）2015年　　　　　　　　　　　　　　　（b）2016年

（c）2017年　　　　　　　　　　　　　　　（d）2018年

（e）2020年　　　　　　　　　　　　　　　（f）2021年

图 4 - 38　德日苏宝冷总磷分布

表 4 - 17　　　　　　　　　　　　　德日苏宝冷总磷浓度统计　　　　　　　　　　单位：mg/L

年份	最大值	最小值	平均值	年份	最大值	最小值	平均值
2015	0.019	0.016	0.0178	2018	0.018	0.012	0.0172
2016	0.018	0.011	0.0167	2020	0.018	0.014	0.0171
2017	0.019	0.014	0.0172	2021	0.019	0.012	0.0170

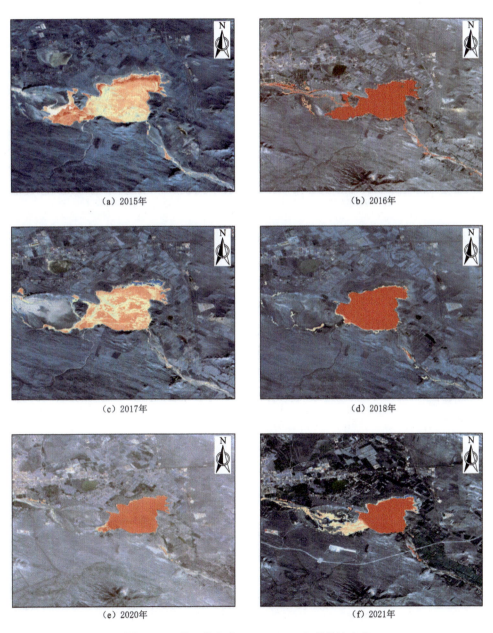

（a）2015年　　　　　　　　　　　　　　（b）2016年

（c）2017年　　　　　　　　　　　　　　（d）2018年

（e）2020年　　　　　　　　　　　　　　（f）2021年

图 4 - 39　德日苏宝冷 2015—2021 年总氮浓变化

表 4 - 18 　　　　　　　　　　　　　德日苏宝冷总氮浓度统计 　　　　　　　　　　单位：mg/L

年份	最大值	最小值	平均值	年份	最大值	最小值	平均值
2015	2.13	2.01	2.10	2018	2.10	1.83	2.07
2016	2.13	1.79	2.05	2020	2.12	1.95	2.07
2017	2.13	1.95	2.07	2021	2.13	1.82	2.06

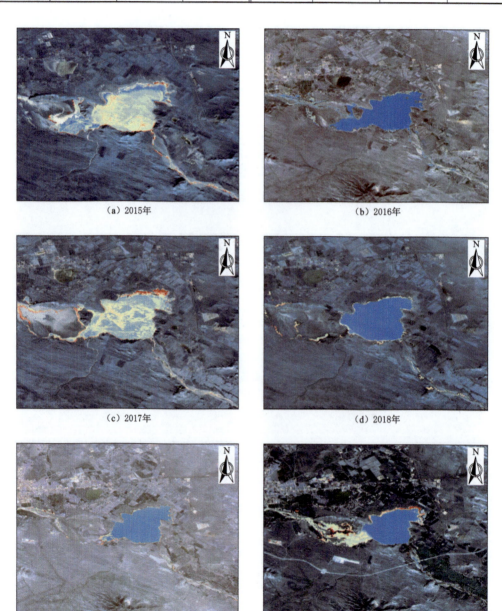

（a）2015年　　　　　　　　　　　　　　　　（b）2016年

（c）2017年　　　　　　　　　　　　　　　　（d）2018年

（e）2020年　　　　　　　　　　　　　　　　（f）2021年

图 4 - 40　德日苏宝冷 2015—2021 年高锰酸盐浓度变化

表 4 - 19　　　　　　　　　　　德日苏宝冷高锰酸盐浓度统计　　　　　　　　　　单位：mg/L

年份	最大值	最小值	平均值	年份	最大值	最小值	平均值
2015	6.21	6.03	6.07	2018	6.47	6.07	6.11
2016	6.50	6.04	6.13	2020	6.29	6.04	6.12
2017	6.30	6.03	6.11	2021	6.42	6.03	6.12

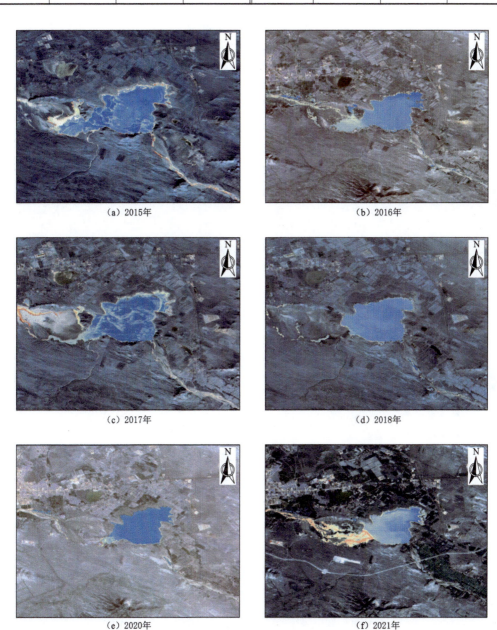

(a) 2015年　　　　　　　　　　　　　　　　(b) 2016年

(c) 2017年　　　　　　　　　　　　　　　　(d) 2018年

(e) 2020年　　　　　　　　　　　　　　　　(f) 2021年

图 4 - 41　德日苏宝冷 2015—2021 年悬浮物浓度分布

表 4 - 20　　　　　　　　　　　德日苏宝冷悬浮物浓度统计　　　　　　　　　单位：mg/L

年份	最大值	最小值	平均值	年份	最大值	最小值	平均值
2015	181.28	4.18	46.05	2018	107.00	12.50	46.85
2016	162.98	9.39	35.90	2020	139.42	6.41	34.58
2017	149.21	4.53	51.82	2021	105.81	1.96	36.97

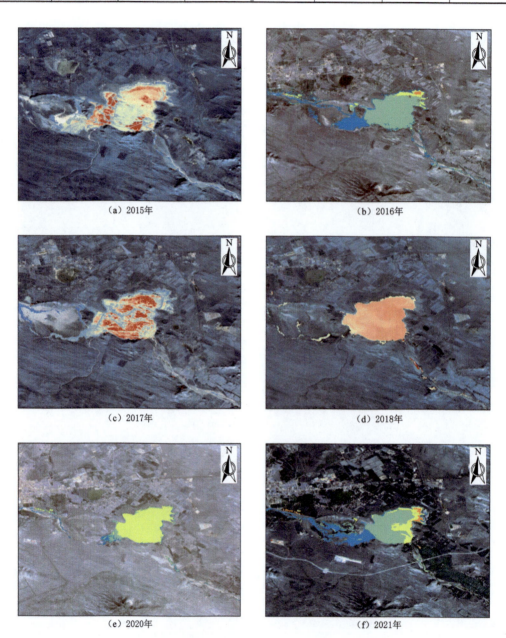

（a）2015年　　　　　　　　　　　　　（b）2016年

（c）2017年　　　　　　　　　　　　　（d）2018年

（e）2020年　　　　　　　　　　　　　（f）2021年

图 4 - 42　德日苏宝冷 2015—2021 年透明度分布

年份	最大值	最小值	平均值	年份	最大值	最小值	平均值
2015	109.72	4.67	32.07	2018	52.32	8.41	23.58
2016	99.08	4.08	33.73	2020	66.11	7.38	43.96
2017	103.22	5.97	29.03	2021	150.59	8.74	35.35

表 4-21　　　　　　　　德日苏宝冷透明度统计　　　　　　　单位：cm

4.2.1.3 河流水质综合营养状态

德日苏宝冷水库2015—2021年各指标和综合营养状态指数统计结果见表4-22。

表 4-22　　　　　　　德日苏宝冷水库营养状态评价

年份	指标	最大值	最小值	平均值
2015	叶绿素 a	63.07	61.83	62.14
	总磷	30.00	27.20	28.94
	总氮	67.34	66.36	67.10
	高锰酸盐	49.68	48.90	49.08
	透明度	49.38	110.62	73.24
	综合营养状态指数			56.69
2016	叶绿素 a	64.86	61.90	62.58
	总磷	29.12	21.12	27.90
	总氮	67.34	64.39	66.69
	高锰酸盐	50.90	48.95	49.34
	透明度	51.36	113.24	72.26
	综合营养状态指数			56.41
2017	叶绿素 a	63.59	61.83	62.43
	总磷	30.00	25.04	28.38
	总氮	67.34	65.84	66.85
	高锰酸盐	50.07	48.90	49.25
	透明度	50.57	105.86	75.17
	综合营养状态指数			57.01
2018	叶绿素 a	64.66	62.17	62.44
	总磷	29.12	22.53	28.38
	总氮	67.10	64.77	66.85
	高锰酸盐	50.78	49.08	49.25
	透明度	63.75	99.21	79.21
	综合营养状态指数			57.75
2020	叶绿素 a	63.60	61.95	62.47
	总磷	29.12	25.04	28.28
	总氮	67.26	65.84	66.85
	高锰酸盐	50.02	48.95	49.30
	透明度	59.21	101.74	67.12
	综合营养状态指数			55.53
2021	叶绿素 a	61.83	64.34	62.46
	总磷	30.00	22.53	28.19
	总氮	67.34	64.67	66.77
	高锰酸盐	50.57	48.90	49.30
	透明度	43.24	98.46	71.35
	综合营养状态指数			56.27

对表 4-22 分析可知,2015—2021 德日苏宝冷水库水质情况变化不大,德日苏宝冷总磷综合营养状态指数相对较低,而叶绿素 a 和总氮的综合营养状态指数相对较高。由营养状态分级表可知,2015—2021 年德日苏宝冷水库水质情况都属于轻度富营养化状态。

4.2.2 土地遥感监测与互馈分析

4.2.2.1 土地利用

1. 2000 年精度评估结果

德日苏宝冷水库 2000 年土地利用分类共使用 487 个样本点进行精度评估,具体见图 4-43。其中,380 个样本点分类正确,最终总体精度为 85.63%,Kappa 系数为 0.81,分类结果比较准确,见表 4-23。其中,林地与建设用地分类精度高,耕地分类精度相对较低,易与草地混分。

图 4-43 德日苏宝冷水库 2000 年精度验证样本点分布

表 4-23 德日苏宝冷水库 2000 年土地利用分类结果混淆矩阵与评价精度

精度评估数据 (真实数据)		分类数据类型及数量							评价指标			
类型	数量	耕地	林地	草地	水体	建设用地	其他建设用地	未利用地	用户精度/%	生产者精度/%	总体分类精度/%	Kappa系数
耕地	70	58		1				2	83.02	62.86		
林地	40		23	16				1	94.12	80.00		
草地	194	10		190	2			11	80.72	92.78		
水体	28			1	28	1		8	83.33	71.43	85.63	0.81
建设用地	47	4		15		28			93.75	95.74		
其他建设用地	29	3	1	4	1		13	1	89.29	86.21		
未利用地	79	3		17			5	40	92.21	89.87		

2. 2020 年精度评估结果

德日苏宝冷水库 2020 年土地利用分类共使用 450 个样本点进行精度评估,具体样本点分布情况见图 4 - 44。经过精度验证后发现，其中，424 个样本点分类正确，最终总体精度为 94.22%，Kappa 系数为 0.93，分类结果比较准确，见表 4 - 24。其中，水体与建设用地分类精度高，耕地分类精度相对较低，易与草地混分。

图 4 - 44　德日苏宝冷水库 2020 年精度验证样本点分布

表 4 - 24　　　　　　　德日苏宝冷水库 2020 年分类结果混淆矩阵与评价精度

精度评价样本标签		预测类型及数量							评价指标			
类型	数量	耕地	林地	草地	水体	建设用地	其他建设用地	未利用地	用户精度/%	生产者精度/%	总体分类精度/%	Kappa系数
耕地	58	45	2	6	1	3		1	93.75	77.59		
林地	38		36	2					94.74	94.74		
草地	76	3		66			3	4	89.19	86.84		
水体	49				49				98.00	100.00	94.22	0.93
建设用地	96					96			96.00	100.00		
其他建设用地	98					1	97		97.00	98.98		
未利用地	35							35	87.50	100.00		

3. 土地利用变化

为更好地分析德日苏宝冷水库所在区域的土地利用变化，本研究利用支持向量机方法对研究区 2000—2022 年的 Landsat 遥感解译，得到德日苏宝冷水库 2000—2022 年每两年土地利用分类结果见表 4 - 25 和图 4 - 45、图 4 - 46。

表 4 - 25　　　　　　　德日苏宝冷水库 2000—2022 年土地利用类型解译结果

年份	耕地	林地	水体	低覆盖度草地	中覆盖度草地	高覆盖度草地	建设用地	其他建设用地	未利用地
2000	167.90	4.20	39.00	644.50	487.70	130.40	21.90	5.70	12.50
2002	168.00	5.20	26.60	90.20	270.90	912.40	24.50	5.60	10.10

续表

年份	耕地	林地	水体	低覆盖度草地	中覆盖度草地	高覆盖度草地	建设用地	其他建设用地	未利用地
2004	173.70	6.50	25.60	134.80	404.60	727.10	24.60	7.00	9.60
2006	184.80	7.10	28.30	235.50	606.10	408.30	25.70	9.60	8.30
2008	189.00	7.90	28.00	386.50	524.70	329.40	28.10	10.20	9.80
2010	198.20	8.20	21.70	730.80	369.80	133.80	29.80	11.50	9.90
2012	191.60	9.20	23.30	170.60	663.10	410.30	30.20	11.50	3.70
2014	194.70	12.60	31.10	335.80	673.40	221.00	32.80	11.00	1.40
2016	192.50	13.20	29.60	487.10	599.50	142.40	34.80	13.40	1.10
2018	190.00	20.50	30.20	551.60	530.10	141.56	34.50	13.50	1.39
2020	183.13	23.86	27.38	311.60	664.50	244.40	38.40	13.60	6.75
2022	183.40	24.80	28.00	278.90	643.30	294.10	38.50	15.80	6.90

由表 4-25 可以看出，耕地面积在曲折变化中呈现增长趋势，2022 年耕地面积与 2000 年耕地面积相比，增长了 9.23%。林地面积也呈现增长趋势，2022 年林地面积与 2000 年林地面积相比大约增长了 4.9 倍，水体面积呈现整体平稳、略有下降趋势，建设用地和其他建设用地总体变化不大，个别年份有变动。未利用地面积减少了 44.80%，2000—2022 年，低覆盖度草地大幅度减少，中覆盖度草地和高覆盖度草地、林地都在增长，其中，高覆盖度草地 2022 年与 2000 年相比，增加了大约 125.54%；草地的面积总体上保持相对稳定，仍是研究区最重要的生态类型，占比保持在 80% 以上。

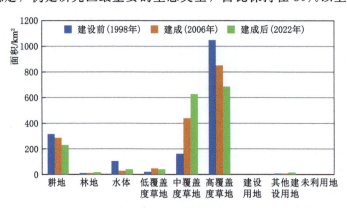

图 4-45　德日苏宝冷水库建设前后土地利用类型变化柱状图

为进一步厘清水库建设前后所在的研究区土地利用类型转移状态，本研究分析德日苏宝冷水库 2000—2022 年的土地利用类型转移矩阵，结果见图 4-47 和表 4-26。可以看出：研究区近 20 年来土地利用类型变化除自身面积变化外，同一种类的土地利用类型在区域上变化更为明显，土地利用类型均大幅地发生变化；从面积变化上分析，耕地、林地、中覆盖度草地面积增幅达 9.23%、490.48%、31.90%，高覆盖度草地比 2000 年增加近 1.3 倍，同时，低覆盖度草地、未利用土地面积大幅度降低，低覆盖度草地的去向主要是中覆盖度草地，未利用土地去向主要是中覆盖度草地、耕地、林地和建筑用地；水

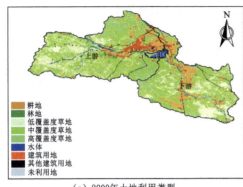
（a）2000年土地利用类型

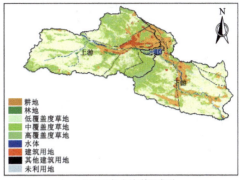
（b）2010年土地利用类型

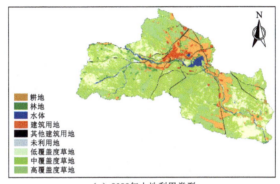
（c）2022年土地利用类型

图4-46　德日苏宝冷水库建设前后土地利用类型变化

体、建设用地和其他建设用地面积整体变化不大；德日苏宝冷水库所在的库区主要由建设用地和未利用土地转化而来，其他林地和中覆盖度草地总体变化不大。

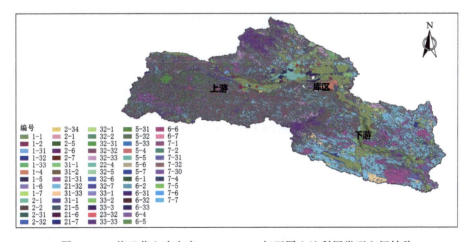

图4-47　德日苏宝冷水库2000—2022年不同土地利用类型空间转移

4.2.2.2　土壤侵蚀

经过计算分析，得到德日苏宝冷水库2000—2022年土壤侵蚀强度结果，其中2000年、2022年土壤侵蚀强度如图4-48和图4-49所示。

表 4 - 26　　　　　　　　德日苏宝冷水库 2000—2022 年土地利用状态转移矩阵

状态转移矩阵 /km²		2022 年									
		耕地	林地	低覆盖度草地	中覆盖度草地	高覆盖度草地	水体	建设用地	其他建设用地	未利用地	总计
2000 年	耕地	121.52	6.49	1.60	9.94	8.56	7.99	8.63	1.89	0.00	166.62
	林地	0.07	2.70	0.02	0.30	1.10	0.01	0.00	0.00	0.00	4.20
	低覆盖度草地	29.19	3.57	184.26	333.89	73.18	1.95	6.20	4.25	2.40	638.88
	中覆盖度草地	18.98	5.10	101.56	266.58	80.09	1.49	3.99	2.97	3.20	483.96
	高覆盖度草地	3.79	4.55	8.24	40.02	70.00	1.91	0.18	0.23	0.28	129.26
	水体	5.34	1.18	5.57	4.34	8.29	13.26	0.12	0.06	0.57	38.71
	建设用地	2.39	0.05	0.11	0.18	0.33	0.07	18.56	0.00	0.00	21.68
	其他建设用地	0.43	0.02	0.13	0.26	0.08	0.16	0.42	4.13	0.00	5.62
	未利用地	0.02	0.01	7.38	3.62	0.79	0.34	0.00	0.00	0.25	12.41
	总计	179.69	241.73	71.31	469.16	130.94	26.17	139.25	17.37	225.73	1501.35

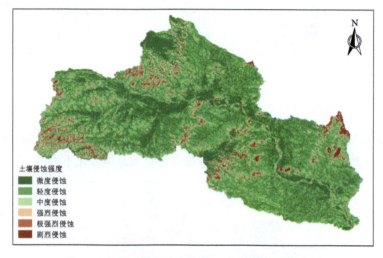

图 4 - 48　德日苏宝冷水库 2000 年土壤侵蚀强度图

德日苏宝冷水库 2000—2022 年不同等级土壤侵蚀面积及比例见表 4 - 27。

表 4 - 27　　　　　　　　德日苏宝冷水库 2000—2022 年土壤侵蚀变化

年份	重度侵蚀		中度侵蚀		轻度以下侵蚀	
	面积/km²	比例/%	面积/km²	比例/%	面积/km²	比例/%
2000	83.14	5.49	175.76	11.61	1254.76	82.90
2002	112.62	7.44	193.29	12.77	1207.74	79.79
2004	137.40	9.08	150.84	9.97	1225.42	80.96
2006	36.95	2.44	94.56	6.25%	1382.15	91.31
2008	94.62	6.25	168.36	11.12	1250.68	82.63

续表

年份	重度侵蚀		中度侵蚀		轻度以下侵蚀	
	面积/km²	比例/%	面积/km²	比例/%	面积/km²	比例/%
2010	133.84	8.84	201.11	13.29	1178.71	77.87
2012	119.86	7.92	169.55	11.20	1224.25	80.88
2014	100.52	6.64	178.63	11.80	1234.51	81.56
2016	136.17	9.00	208.38	13.77	1169.12	77.24
2018	107.10	7.08	190.05	12.56	1216.51	80.37
2020	167.31	11.05	206.62	13.65	1139.73	75.30
2022	83.25	5.50	175.58	11.60	1253.31	82.80

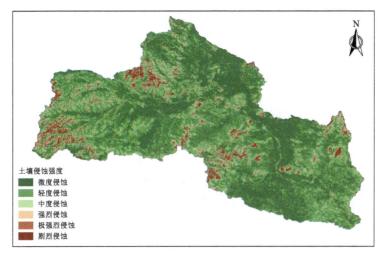

图 4-49　德日苏宝冷水库 2022 年土壤侵蚀强度图

总体上看，乌拉盖水库 1998—2022 年土壤侵蚀呈现波动中相对稳定的特点，原有的重度侵蚀面积、中度侵蚀面积变化均不大。

4.2.3　气象遥感监测与互馈分析

4.2.3.1　降水

1. 时间尺度变化特征

（1）年际变化特征。选择巴林右旗国家气象观测站（54113）为典型代表站，系统分析研究区内降水年际变化特征，见图 4-50。根据降水统计资料，德日苏宝冷水库 1971—2022 年平均降水量为 354.45mm，丰水年（$P=25\%$）、平水年（$P=50\%$）、枯水年（$P=75\%$）对应的典型年降水量分别为 426.1mm（2012 年）、344.5mm（2019 年）、281.4mm（1981 年），见图 4-51。

从巴林右旗国家气象观测站 52 年降水变化曲线来看（见图 4-51），研究区所在位置的降水呈现平稳波动、略有增加的特点，SPSS 统计分析软件计算线性回归方程显著性参数 $P=0.434>0.1$，这种降水的增加趋势并不明显，另外，德日苏宝冷水库建成（2010

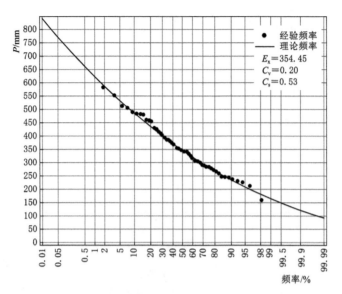

图 4-50　巴林右旗国家气象观测站 1971—2022 降水量 P-Ⅲ型频率曲线

年）前后，水库所在的研究区降水并未出现较大波动。

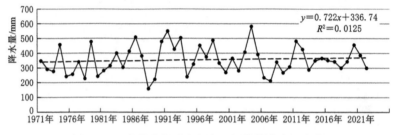

图 4-51　巴林右旗国家气象观测站年降水量变化

（2）年内变化趋势分析。为分析流域降水量年内变化趋势，进一步了解降水随季节变化规律，利用气象站逐日降水资料得到巴林右旗国家气象观测站年内降水变化曲线，见图4-52。由此看出，降水主要发生在夏季（6—8 月），该时期累计降水量占流域全年降水的 70% 以上；其中贡献最大的是 7 月，月降水量占年降水总量的 30% 以上。这表明"干燥少雨、降水集中"的温带大陆性气候特点在德日苏宝冷水库表现较为突出。

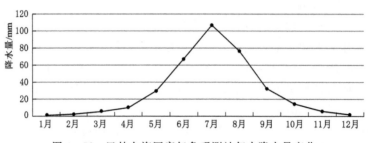

图 4-52　巴林右旗国家气象观测站年内降水量变化

2. 降水空间变化特征

基于巴林右旗国家气象观测站、林西国家基本气象站、克什克腾、巴林左旗国家基准气候站、翁牛特旗等气象站月平均实测数据，利用 ArcGIS 空间插值法计算德日苏宝冷水库多年平均（2001—2022 年）、建成前（2001—2010 年）、建成后（2011—2022 年）空间变化特征。对比降水结果显示（见图 4-53），2001—2022 年多年平均降水量为354.45mm，水库建设前（2001—2010 年）多年平均降水量为 339.43mm，建成后（2011—2022 年）降水平均值为 366.98mm。

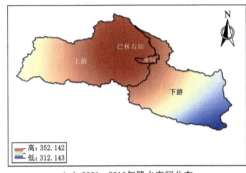

（a）2001—2010年降水空间分布

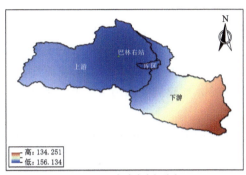

（b）2011—2022年降水空间分布

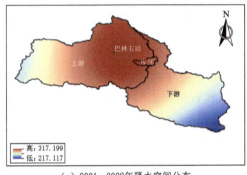

（c）2001—2022年降水空间分布

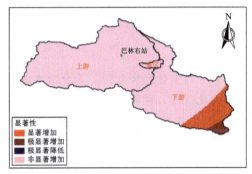

（d）降水变化趋势及显著性检验

图 4-53　德日苏宝冷水库不同时期降水空间分布及变化趋势分析（单位：mm）

对比德日苏宝冷水库建设前后不同时期的降水量，建成后降水较建成前增加了27.55mm；从空间分布上看，德日苏宝冷水库建设前，降水高值区在水库库区及上游位置处；水库建成后，降水高值区从水库库区及上游位置转移到水库下游位置。在此基础上，本书利用趋势分析法研究了德日苏宝冷水库所在区域降水的时间变化特征，发现降水呈现波动增长的趋势，其线性增长速率约为 2.2mm/a。

为进一步剖析德日苏宝冷水库研究区的降水变化，本书解析得到 2001—2022 年降水不同空间位置变化趋势，并划分为极显著增加（增速 $b>0$，$p<0.01$）、显著增加（增速 $b>0$，$0.01 \leqslant p<0.05$）、非显著性增加（增速 $b>0$，$p \geqslant 0.05$）、非显著性降低（增速 $b<0$，$p \geqslant 0.05$）、轻微降低（增速 $b<0$，$0.01 \leqslant p<0.05$）、显著降低（增速 $b<0$，$p<0.01$）6 个等级，并分析了德日苏宝冷水库 2001—2022 年降水变化趋势及显著性检验结果。从图 4-53（d）可以进一步印证研究区降水总体呈现增加态势，越靠近下游，降

水增加趋势越显著。

4.2.3.2　温度

1. 时间尺度变化特征

（1）年际变化特征。选择巴林右旗国家气象观测站（54113）为典型代表站，系统分析研究区内降水年际变化特征，见图 4-54。根据气象站统计资料，德日苏宝冷水库 1971—2022 年平均温度为 5.7℃，丰水年（$P=25\%$）、平水年（$P=50\%$）、枯水年（$P=75\%$）对应的典型年温度分别为 4.8℃（2012 年）、6.9℃（2019 年）、5.3℃（1981 年）。

从巴林右旗国家气象观测站 51 年温度变化曲线来看（见图 4-54），研究区所在位置的温度呈现平稳增加的态势，SPSS 统计分析软件计算线性回归方程显著性参数 $P=0.00<0.01$，温度增加特征具有显著性，线性回归方程显示温度增幅达到 0.4℃/10a，德日苏宝冷水库建成（2010 年）后，水库所在的研究区温度增幅更大，达到 1.0℃/10a。

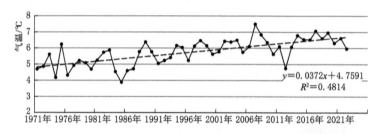

图 4-54　巴林右旗国家气象观测站年温度变化

（2）年内变化趋势分析。为分析水库所在区域的温度年内变化趋势，进一步了解温度随季节变化规律，利用气象站逐日温度资料得到巴林右旗国家气象站年内温度变化曲线，见图 4-55。由此看出，温度最高峰出现在 7 月，达到 22.9℃，冬季（12 月、1 月）处于全年最低。"夏季干燥高温、冬季低温干冷"的气候特点在德日苏宝冷水库表现较为突出。

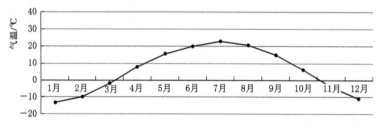

图 4-55　巴林右旗国家气象观测站年内温度变化

2. 温度空间变化特征

基于巴林右旗国家气象观测站、林西国家基本气象站、克什克腾、巴林左旗国家基准气候站、翁牛特旗等气象站月平均实测数据，利用 ArcGIS 空间插值法计算德日苏宝冷水库多年平均（2001—2022 年）、建成前（2001—2010 年）、建成后（2011—2022 年）空间变化特征。对比温度结果显示（见图 4-56），2001—2022 年多年平均温度为 6.3℃，水库建设前（2001—2010 年）多年平均温度量为 6.1℃，建成后（2011—2022 年）温度平均值为 6.5℃。

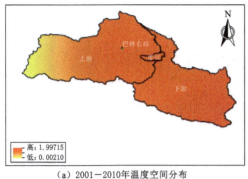

（a）2001—2010年温度空间分布

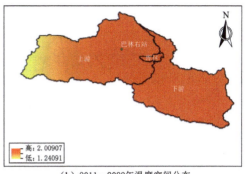

（b）2011—2022年温度空间分布

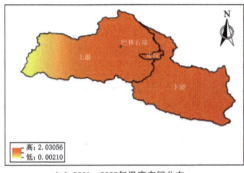

（c）2001—2022年温度空间分布

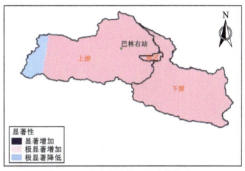

（d）温度变化趋势及显著性检验

图4-56　德日苏宝冷水库不同时期温度空间分布及变化趋势分析（单位：℃）

对比德日苏宝冷水库建设前后不同时期的温度变化，建成后较建成前温度升高了0.4℃，另外空间分布上，德日苏宝冷水库建设前后温度分布较为一致，总体上是西北到东南递增趋势，从高纬度向低纬度递增趋势，见图4-56（d）。为进一步剖析德日苏宝冷水库研究区的温度变化，本书解析得到2001—2022年温度不同空间位置变化趋势，并划分为极显著增加（增速$b>0$，$p<0.01$）、显著增加（增速$b>0$，$0.01\leqslant p<0.05$）、非显著性增加（增速$b>0$，$p\geqslant0.05$）、非显著性降低（增速$b<0$，$p\geqslant0.05$）、轻微降低（增速$b<0$，$0.01\leqslant p<0.05$）、显著降低（增速$b<0$，$p<0.01$）6个等级，并分析了德日苏宝冷水库2001—2022年温度变化趋势及显著性检验结果。从图4-56（d）可以看出，总体呈现增加趋势，但这种趋势变化不显著。

4.2.3.3　湿度

1．时间尺度变化特征

（1）年际变化特征。选择巴林右旗国家气象观测站（54113）为典型代表站，系统分析研究区内降水年际变化特征，见图4-57。根据气象站统计资料，德日苏宝冷水库1971—2022年平均湿度为49.6%，丰水年（$P=25\%$）、平水年（$P=50\%$）、枯水年（$P=75\%$）对应的典型年湿度分别为50.7%（2012年）、44.5%（2019年）、5.3%（1981年）。

从巴林右旗国家气象观测站51年湿度变化曲线来看（见图4-57），研究区所在位置的湿度呈现平稳略减的态势，SPSS统计分析软件计算线性回归方程显著性参数$P=0.06>0.05$，湿度减少特征不明显。

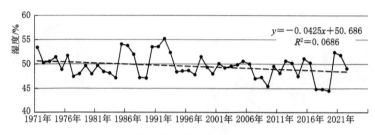

图 4-57 巴林右旗国家气象观测站年湿度变化

（2）年内变化趋势分析。为分析水库所在区域的湿度年内变化趋势，进一步了解湿度随季节变化规律，利用气象站逐日湿度资料得到巴林右旗国家气象站年内湿度变化曲线，见图 4-58。由此看出，全年湿度最高的季节是夏季、冬春季空气相对干燥。

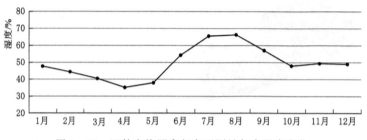

图 4-58 巴林右旗国家气象观测站年内湿度变化

2. 湿度空间变化特征

基于巴林右旗国家气象观测站、林西国家基本气象站、克什克腾、巴林左旗国家基准气候站、翁牛特旗等气象站月平均实测数据，利用 ArcGIS 空间插值法计算德日苏宝冷水库多年平均（2001—2022 年）、建成前（2001—2010 年）、建成后（2011—2022 年）空间变化特征。对比湿度结果显示（见图 4-59），2001—2022 年多年平均湿度为 48.7%，水库建设前（2001—2010 年）多年平均湿度为 48.7%，建成后（2011—2022 年）湿度平均值为 48.6%。

德日苏宝冷水库建设前后不同时期的湿度变化无几，在空间分布上，德日苏宝冷水库建设前后湿度呈现上游到下游递减趋势。为进一步剖析德日苏宝冷水库研究区的湿度变化，本书解析得到 2001—2022 年湿度不同空间位置变化趋势，并划分为极显著增加（增速 $b>0$，$p<0.01$）、显著增加（增速 $b>0$，$0.01 \leqslant p<0.05$）、非显著性增加（增速 $b>0$，$p \geqslant 0.05$）、非显著性降低（增速 $b<0$，$p \geqslant 0.05$）、轻微降低（增速 $b<0$，$0.01 \leqslant p<0.05$）、显著降低（增速 $b<0$，$p<0.01$）6 个等级，并分析了德日苏宝冷水库 2001—2022 年湿度变化趋势及显著性检验结果。由图 4-59（d）可以看出，靠近上下游位置湿度虽有增加的趋势，但这种趋势变化不显著，总体呈稳定态势。

4.2.3.4 风速

1. 时间尺度变化特征

（1）年际变化特征。选择巴林右旗国家气象观测站（54113）为典型代表站，系统分析研究区内降水年际变化特征。根据气象站统计资料，德日苏宝冷水库 1971—2022 年平

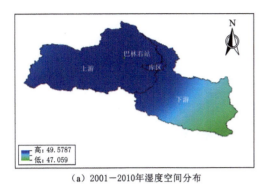
（a）2001—2010年湿度空间分布

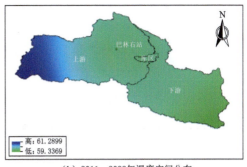
（b）2011—2022年湿度空间分布

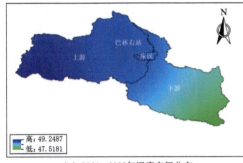
（c）2001—2022年湿度空间分布

（d）湿度变化趋势及显著性检验

图 4-59　德日苏宝冷水库不同时期湿度空间分布及变化趋势分析（%）

均风速为 3.5m/s，丰水年（$P=25\%$）、平水年（$P=50\%$）、枯水年（$P=75\%$）对应的典型年风速分别为 3.0m/s（2012 年）、5.0m/s（2019 年）、4.1m/s（1981 年）。

从巴林右旗国家气象观测站 52 年风速变化曲线来看（图 4-60），研究区所在位置的风速呈现平稳增加的态势，SPSS 统计分析软件计算线性回归方程显著性参数 $P=0.00<0.01$，风速增加特征具有显著性，线性回归方程显示风速增幅达到 0.4m/(s·10a)，德日苏宝冷水库建成（2010 年）后，水库所在的研究区风速较建成前有所增大，但增幅减小更大，仅为 0.2m/(s·10a)。

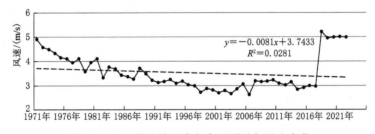

$$y=-0.0081x+3.7433$$
$$R^2=0.0281$$

图 4-60　巴林右旗国家气象观测站年风速变化

（2）年内变化趋势分析。为分析水库所在区域的风速年内变化趋势，进一步了解风速随季节变化规律，利用气象站逐日风速资料得到巴林右旗国家气象站年内风速变化曲线，见图 4-61。由此看出，夏季的风速基本处于全年最低，气候稳定。

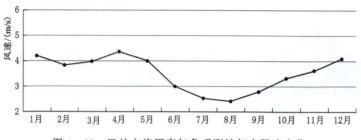

图 4-61 巴林右旗国家气象观测站年内风速变化

2. 风速空间变化特征

基于巴林右旗国家气象观测站、林西国家基本气象站、克什克腾、巴林左旗国家基准气候站、翁牛特旗等气象站月平均实测数据，利用 ArcGIS 空间插值法计算德日苏宝冷水库多年平均（2001—2022 年）、建成前（2001—2010 年）、建成后（2011—2022 年）空间变化特征。对比风速结果显示（见图 4-62），2001—2022 年多年平均风速为 3.2m/s，水库建设前（2001—2010 年）多年平均风速量为 2.9m/s，建成后（2011—2022 年）风速平均值为 3.5m/s。

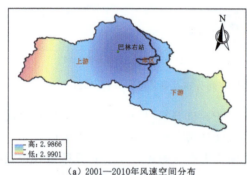

（a）2001—2010年风速空间分布

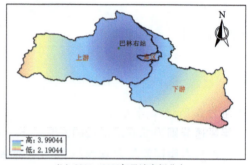

（b）2011—2022年风速空间分布

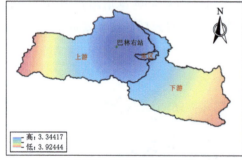

（c）2001—2022年风速空间分布

（d）风速变化趋势及显著性检验

图 4-62 德日苏宝冷水库不同时期风速空间分布及变化趋势分析（单位：m/s）

对比德日苏宝冷水库建设前后不同时期的风速变化，建成后较建成前风速增加了 1.4m/s，另外空间分布上，德日苏宝冷水库总体上是中游库区及以上风速较大，上游和下游风速相对较低。为进一步剖析德日苏宝冷水库研究区的风速变化，本书解析得到 2001—2022 年风速不同空间位置变化趋势，并划分为极显著增加（增速 $b>0$，$p<$

0.01）、显著增加（增速 $b>0$，$0.01 \leqslant p <0.05$）、非显著性增加（增速 $b>0$，$p \geqslant 0.05$）、非显著性降低（增速 $b<0$，$p \geqslant 0.05$）、轻微降低（增速 $b<0$，$0.01 \leqslant p <0.05$）、显著降低（增速 $b<0$，$p<0.01$）6 个等级，并分析了德日苏宝冷水库 2001—2022 年风速增加的趋势呈极显著状态见图 4-62（d）。

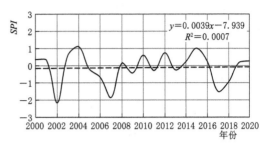

图 4-63 德日苏宝冷水库 SPI 变化图

4.2.3.5 干旱

2000—2020 年期间，德日苏宝冷水库流域的 SPI 变化趋势如图 4-63 所示。期间共遭遇 3 次干旱事件，分别是 2002 年极度干旱、2006—2007 年重度干旱和 2017—2018 年重度干旱。

4.2.4 生态遥感监测与互馈分析

4.2.4.1 植被覆盖

为更好地分析德日苏宝冷水库建设前后所在区域的植被覆盖演变特征，本书利用 NDVI 指数法对研究区 2000—2022 年的 Landsat 影像解译，得到了德日苏宝冷水库区域 2000—2022 年每两年植被指数平均值，结果见表 4-28 和图 4-64。

表 4-28　　　　　　　　　　德日苏宝冷水库 2000—2022 年 NDVI 指数平均值

年份	第一季度	第二季度	第三季度	第四季度
2000	0.13	0.06（云）	0.14（云）	0.10
2002	0.15	0.18	0.27	0.12
2004	0.12	0.06（云）	0.28	0.12
2006	0.14	0.09（云）	0.25	0.12
2008	0.14	0.13（云）	0.21（云）	0.12
2010	0.13	0.21	0.23	0.11
2012	0.12	0.20	0.37	0.20
2014	0.12	0.20	0.23	0.17
2016	0.16	0.23	0.33	0.14
2018	0.17	0.19	0.33	0.19
2020	0.16	0.17	0.21	0.09
2022	0.09	0.12	0.22	0.12

从表 4-28 中可以看出，德日苏宝冷水库流域 NDVI 指数平均值总体呈现先上升后下降的趋势，其中部分年份的部分季度由于云层的影响，其 NDVI 指数较往年会出现很大变化，本研究中将这些季度的 NDVI 指数当作异常值处理。NDVI 指数的全年最大值出现在每年的第三季度，在水库建成之前，流域第三季度 NDVI 指数一般稳定在 0.25 左右，水库建成之后，流域第三季度 NDVI 指数有所上升，常年可稳定在 0.3 左右。

由于 2008 年的 NDVI 受云层影响严重，所以本研究以 2006 年作为水库建成前的代表年。从空间上来看，水库建成后德日苏宝冷水库流域植被覆盖度有了很大程度的提高，特别是在水库西部丘陵地区 NDVI 指数增长明显。

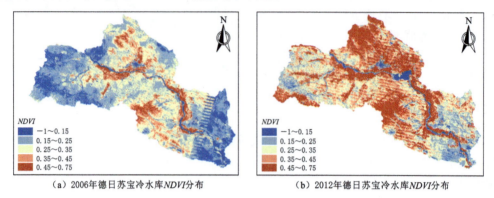

（a）2006年德日苏宝冷水库NDVI分布　　　（b）2012年德日苏宝冷水库NDVI分布

图 4-64　德日苏宝冷水库建设前后 NDVI 指数变化

4.2.4.2　净初级生产力

德日苏宝冷水库研究区 2003—2022 年每 5 年的平均净初级生产力（NPP）的空间分布如图 4-65 所示。由图 4-65 可知，2003—2002 年间 NPP 最高值由 3656 上升至 4308，低 NPP 区域范围大幅缩减，说明德日苏宝冷水库项目区生态环境质量近年来大幅改善。但 2008—2022 年德日苏宝冷水库控制区域 NPP 大幅降低，成为流域内 NPP 值最低区域，这是由于蓄水型水库在填充时会淹没大片土地，可能会破坏当地的植被、土壤和河流生态系统使得蓄水型水库控制区域净初级生产力处于整体流域低值，因此这是一种相对正常的现象，但需要合理规划和管理，以减少对生态环境的影响。

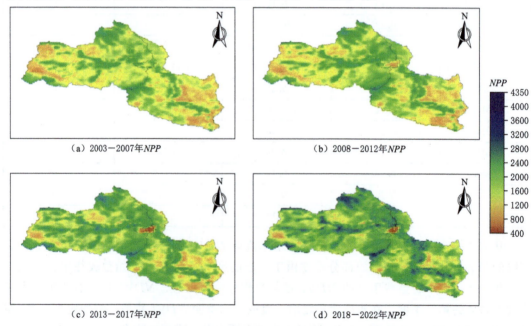

（a）2003—2007年NPP　　　　　　　　　（b）2008—2012年NPP

（c）2013—2017年NPP　　　　　　　　　（d）2018—2022年NPP

图 4-65　2003—2022 年德日苏宝冷水库净初级生产力空间分布

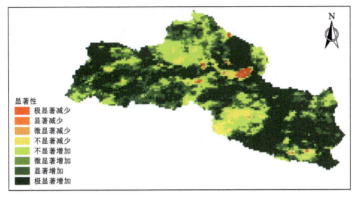

图 4-66　2003—2022 年德日苏宝冷水库 NPP 空间趋势特征

图 4-66 显示了德日苏宝冷水库流域 NPP 的空间趋势特征（Z 值）。其中 NPP 呈显著上升趋势（Z＞1.65）的区域面积占比达 74.9%，广泛分布于流域主干区域。水库实控区 NPP 呈显著下降趋势（Z＜-1.65），与图 4-66 结果互相印证。

4.2.4.3　生态环境指数

基于上述分析结果，就可以分别计算研究区生境质量指数、植被覆盖度指数、水网密度指数、土地胁迫指数，进而利用生态环境状况指数综合分析研究区生态环境状况变化情况。2000—2022 年德日苏宝冷水库生境质量指数如图 4-67 所示。

结果表明，2000—2022 年德日苏宝冷水库研究区生境质量指数维持在 40 左右，且长期表现出稳定趋势，反映出蓄水工程建设对于生境质量的改善有所贡献。2010 年水库建成前，生境质量波动较大，水库建成后，生态环境质量波动幅度减弱，说明水库建设对于生态环境具有良好的改善作用。2000—2022 年德日苏宝冷水库植被覆盖度指数变化如图 4-68 所示。

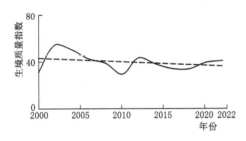

图 4-67　2000—2022 年德日苏宝冷水库
生境质量指数变化

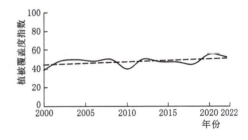

图 4-68　2000—2022 年德日苏宝冷水库
植被覆盖度指数变化

结果表明，2000—2022 年，德日苏宝冷水库研究区植被覆盖度指数维持在 47 左右，且长期表现出向好趋势，反映出蓄水工程建设对于研究区植被覆盖的改善有所贡献。2010 年水库建成前，植被覆盖程度波动较大，水库建成后，植被覆盖程度波动幅度减弱，说明水库建设对于生态环境具有良好的改善作用。2000—2022 年德日苏宝冷水库水网指数变化如图 4-69 所示。

结果表明，2000—2022 年，德日苏宝冷水库研究区水网密度指数维持在 191 左右，且变化幅度较小，长期表现出稳定趋势，反映出蓄水工程建设对于项目区水网密度的稳定有所贡献，也说明水库建设对于研究区河流湖泊面积保持、水资源量的稳定具有良好的改善作用。2000—2022 年德日苏宝冷水库土地胁迫指数变化如图 4 - 70 所示。

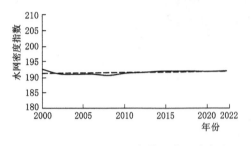

图 4 - 69　2000—2022 年德日苏宝冷水库
水网密度指数变化

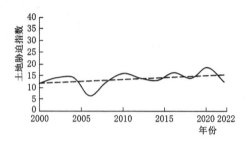

图 4 - 70　2000—2022 年德日苏宝冷水库
土地胁迫指数变化

德日苏宝冷水库土地胁迫指数在波动中呈现出缓慢上升的趋势，土地胁迫指数基本徘徊在 10～15。土地胁迫指数上升，一方面是由于土壤侵蚀面积的不断增加；另一方面是由于建设用地的持续增加。

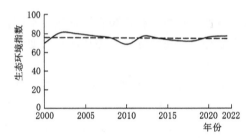

图 4 - 71　2000—2022 年德日苏宝冷水库
生态环境指数变化

经过计算，得到 2000—2022 年德日苏宝冷水库生态环境指数变化如图 4 - 71 所示。

总体来看，德日苏宝冷水库研究区生态环境指数变化不大，反映了研究区生态环境比较稳定。数值上，生态环境指数保持在 75 左右，按照生态环境等级划分，德日苏宝冷水库生态环境状况在优（≥75）和良（75＞EI≥55）之间波动，今后应加强对德日苏宝冷水库生态环境的保护，从而保证其生态环境质量的优良等级。

4.3　西柳沟淤地坝系生态环境效应遥感监测与互馈分析

4.3.1　水文遥感监测与互馈分析

4.3.1.1　河流形态

2000—2022 年，西柳沟流域水域面积总体呈上升趋势，见表 4 - 29。2000—2012 年，水域面积最大出现在第一季度，第二和第三季度由于降水稀少、用水量大，全流域水域面积几乎为 0。2013 年西柳沟流域淤地坝建成后，水域面积大幅增加，且全年水域面积均保持在 10km² 左右，见图 4 - 72。

4.3.1.2　河流水质

根据叶绿素 a 浓度、总磷浓度、总氮浓度、高锰酸盐浓度、悬浮物浓度及透明度反演模型，结合高分影像，对有影像信息的 2015 年、2016 年和 2020 年西柳沟坝系水体进行反演。

表 4-29　　　　　西柳沟淤地坝系 2000—2022 年河流水体形态面积　　　　单位：km²

年份	第一季度	第二季度	第三季度	第四季度
2000	11.67	1.01	1.16	5.52
2002	7.00	1.35	1.52	2.13
2004	7.57	0.54	1.95	2.82
2006	7.00	0.32	0.60	1.41
2008	7.49	0.34	1.96	2.70
2010	4.60	0.53	0.42	0.97
2012	4.63	1.40	2.26	1.13
2014	13.38	7.33	9.86	11.33
2016	11.74	5.25	13.34	15.60
2018	15.95	8.03	13.31	13.25
2020	19.38	6.08	8.56	12.47
2022	12.17	5.10	11.63	无数据

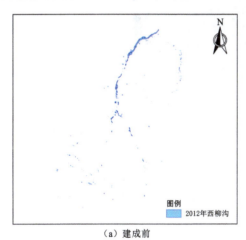

（a）建成前　　　　　　　　　　　　　　（b）建成后

图 4-72　淤地坝建设前后西柳沟水域面积变化

依据叶绿素 a 反演模型，得到 2015 年、2016 年和 2020 年西柳沟淤地坝系叶绿素 a 浓度的空间分布图以及浓度统计表，见图 4-73 和表 4-30。

表 4-30　　　　　　　西柳沟淤地坝系叶绿素 a 浓度统计　　　　　　单位：mg/m³

年份	最大值	最小值	平均值
2015	46.88	29.70	31.66
2016	50.46	29.70	31.58
2020	50.65	29.71	32.05

由图 4-73 和表 4-30 可知，西柳沟淤地坝系叶绿素 a 浓度在 2015—2020 年整体呈现先上升后下降的趋势。

（a）2015年　　　　　　　　　　　　（b）2016年

（c）2020年

图 4 - 73　西柳沟淤地坝系不同年份叶绿素 a 分布
注：图中水库颜色由浅绿至黄红表示浓度依次增加，下同。

依据总磷反演模型，得到 2015 年、2016 年和 2020 年西柳沟淤地坝系总磷浓度的空间分布图以及浓度统计表，见图 4 - 74 和表 4 - 31。

表 4 - 31　　　　　　　　西柳沟淤地坝系总磷浓度统计　　　　　　　单位：mg/L

年份	最大值	最小值	平均值
2015	0.019	0.005	0.017
2016	0.019	0.002	0.017
2020	0.019	0.002	0.0166

由图 4 - 74 和表 4 - 31 可知，西柳沟淤地坝系总磷浓度在 2015—2020 年整体呈现持平的趋势。

依据总氮反演模型，得到 2015 年、2016 年和 2020 年西柳沟淤地坝系总氮浓度的空间分布图以及浓度统计表，见图 4 - 75 和表 4 - 32。

表 4 - 32　　　　　　　　西柳沟淤地坝系总氮浓度统计　　　　　　　单位：mg/L

年份	最大值	最小值	平均值
2015	2.13	1.54	2.06
2016	2.13	1.41	2.06
2020	2.13	1.40	2.05

（a）2015年

（b）2016年

（c）2020年

图4-74 西柳沟淤地坝系不同年份总磷分布

由图4-75和表4-32可知，西柳沟淤地坝系总氮浓度在2015—2020年整体呈现持平但略微下降的趋势。

依据高锰酸盐反演模型，得到2015年、2016年和2020年西柳沟淤地坝系高锰酸盐浓度的空间分布图以及浓度统计表，见图4-76和表4-33。

表4-33　　　　　　　　西柳沟淤地坝系高锰酸盐浓度统计　　　　　　单位：mg/L

年份	最大值	最小值	平均值
2015	6.89	6.03	6.13
2016	7.07	6.03	6.12
2020	7.08	6.03	6.15

由图4-76和表4-33可知，西柳沟淤地坝系高锰酸盐浓度在2015—2020年整体呈现先下降后上升的趋势。

依据悬浮物反演模型，得到2015年、2016年和2020年西柳沟淤地坝系悬浮物浓度的空间分布图以及浓度统计表，见图4-77和表4-34。

由图4-77和表4-34可知，西柳沟淤地坝系悬浮物浓度在2015—2020年整体呈现下降的趋势。

（a）2015年

（b）2016年

（c）2020年

图 4-75　西柳沟淤地坝系不同年份总氮分布

表 4-34　　　　　　　西柳沟淤地坝系悬浮物浓度统计　　　　　　单位：mg/L

年份	最大值	最小值	平均值
2015	236.20	0.008	93.16
2016	129.40	0	66.66
2020	151.87	1.37	64.57

依据透明度反演模型，得到 2016 年、2017 年和 2020 年西柳沟淤地坝系透明度的空间分布图以及统计表，见图 4-78 和表 4-35。

表 4-35　　　　　　　西柳沟淤地坝系透明度统计　　　　　　单位：cm

年份	最大值	最小值	平均值
2015	39.74	1.66	3.46
2016	56.32	1.56	2.63
2020	61.48	1.81	19.47

由图 4-78 和表 4-35 可知，西柳沟淤地坝系透明度在 2015—2020 年整体呈现上升的趋势。

4.3.1.3　河流水质综合营养状态

西柳沟淤地坝系各指标营养状态指数和综合营养状态指数统计结果见表 4-36。

（a）2015年

（b）2016年

（c）2020年

图 4-76　西柳沟淤地坝系不同年份高锰酸盐分布

（a）2015年

（b）2016年

（c）2020年

图 4-77　西柳沟淤地坝系不同年份悬浮物分布

（a）2015年

（b）2016年

（c）2020年

图 4－78　西柳沟淤地坝系不同年份透明度分布

表 4－36　　　　　　　　　　西柳沟淤地坝系营养状态评价

年份	指　标	最大值	最小值	平均值
2015	叶绿素 a	66.78	61.83	62.52
	总磷	30.00	8.32	28.19
	总氮	67.34	61.84	66.77
	高锰酸盐	52.45	48.90	49.34
	透明度	69.08	130.69	116.44
	综合营养状态指数		64.57	
2016	叶绿素 a	67.58	61.83	62.49
	总磷	30.00	0.00	28.19
	总氮	67.34	60.35	66.77
	高锰酸盐	53.14	48.90	49.30
	透明度	62.32	131.89	121.76
	综合营养状态指数		65.53	
2020	叶绿素 a	67.62	61.83	62.65
	总磷	30.00	0.00	27.80
	总氮	67.34	60.23	66.69
	高锰酸盐	53.17	48.90	49.43
	透明度	60.62	129.01	82.92
	综合营养状态指数		58.39	

对表 4-36 分析可知，2015 年和 2016 年西柳沟淤地坝系水质情况属于中度富营养化，而 2020 年水质情况有所改善，综合营养状态指数回升至轻度富营养化。

4.3.2　土地遥感监测与互馈分析

4.3.2.1　土地利用

（1）1986 年精度评估结果。西柳沟水库 1986 年土地利用分类共使用 391 个样本点进行精度评估，具体见图 4-79。其中，348 个样本点分类正确，最终总体精度为 89%，Kappa 系数为 0.86，分类结果比较准确，见表 4-37。

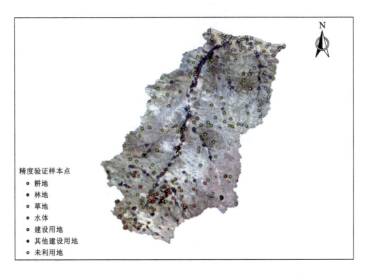

图 4-79　西柳沟水库 1986 年精度验证样本点分布

表 4-37　　　　　　　西柳沟水库 1986 年分类结果混淆矩阵与评价精度

精度评价样本标签		预测类型及数量						评价指标			
类型	数量	耕地	林地	草地	水体	建设用地	未利用地	用户精度/%	生产者精度/%	总体分类精度/%	Kappa系数
耕地	65	62		3				98.41	95.38		
林地	74		57	16	1			100.00	77.03		
草地	77			77				65.25	100.00	89.00	0.86
水体	69			4	65			98.48	94.20		
建设用地	37	1		15		21		100.00	56.76		
未利用地	69			3			66	100.00	95.65		

（2）2020 年精度评估结果。西柳沟水库 2020 年土地利用分类共使用 487 个样本点进行精度评估，具体见图 4-80。其中，417 个样本点分类正确，最终总体精度为 85.62%，Kappa 系数为 0.81，分类结果比较准确，见表 4-38。

图 4-80　西柳沟水库 2020 年精度验证样本点分布

表 4-38　　　　　西柳沟水库 2020 年分类结果混淆矩阵与评价精度

精度评价样本标签		预测类型及数量							评价指标			
类型	数量	耕地	林地	草地	水体	建设用地	其他建设用地	未利用地	用户精度/%	生产者精度/%	总体分类精度/%	Kappa系数
耕地	70	44		22	2		1	1	83.02	62.86		
林地	40		32	8					94.12	80.00		
草地	194	6	1	180	2	2		3	80.72	92.78		
水体	28			7	20			1	83.33	71.43	85.62	0.81
建设用地	47			1		45		1	93.75	95.74		
其他建设用地	29	3	1				25		89.29	86.21		
未利用地	79			5		1	2	71	92.21	89.87		

（3）土地利用变化。西柳沟淤地坝系 1986—2022 年每两年土地利用类型变化见表 4-39 和图 4-81。由表 4-39 可以看出，耕地面积呈增长趋势，1986—2022 年，耕地面积增加 7.41%。林地面积变化是先减少后增加，水体面积在 1994 年淤地坝系建成后急剧增加，2000 年后水体开始减少，面积减小。1986—2022 年，未利用地面积减少 41.05%。研究区高、低覆盖度草地面积平稳增加，增幅分别为 9.70%、3.31%，中覆盖度草地面积减少 10.76%。

表 4-39　　　　　西柳沟淤地坝系 1986—2020 年土地利用类型变化　　　　　单位：km²

年份	耕地	林地	水体	低覆盖度草地	中覆盖度草地	高覆盖度草地	建设用地	其他建设用地	未利用地
1986	102.60	10.70	22.60	157.00	514.70	210.30	1.50	0.20	63.10
1988	108.70	9.90	18.40	137.60	243.40	490.70	2.40	0.20	71.50
1990	100.70	7.00	25.10	157.00	417.20	298.60	1.80	0.20	75.20
1992	97.70	6.40	20.00	258.50	449.10	182.90	1.80	0.20	66.10

年份	耕地	林地	水体	低覆盖度草地	中覆盖度草地	高覆盖度草地	建设用地	其他建设用地	未利用地
1994	104.30	7.80	19.70	238.20	425.90	222.70	2.60	0.20	61.30
1996	108.10	9.80	29.10	320.80	418.20	137.30	2.40	0.20	56.90
1998	106.70	10.50	30.70	207.40	486.70	185.90	2.90	0.20	51.70
2000	108.70	14.00	12.30	365.20	371.70	152.30	2.30	2.10	54.10
2002	117.10	13.70	12.10	280.50	450.10	157.50	1.50	2.10	48.20
2004	113.90	11.60	13.60	227.90	435.90	231.60	2.80	2.00	43.30
2006	110.40	13.60	9.60	227.70	446.90	217.80	4.30	6.90	45.60
2008	112.60	14.60	9.60	184.30	441.70	260.00	8.10	7.70	44.10
2010	113.00	17.30	11.10	237.80	437.10	206.20	9.90	9.20	41.20
2012	107.60	15.80	16.00	177.20	430.60	283.80	8.70	9.20	33.80
2014	112.40	13.60	11.00	128.60	445.20	302.60	19.10	14.70	35.60
2016	110.20	12.90	15.60	95.20	343.50	443.60	16.50	15.80	29.30
2018	108.70	18.00	12.50	93.10	437.40	342.90	19.30	15.70	35.20
2020	111.70	19.40	15.60	215.40	409.30	232.40	28.10	14.70	36.20
2022	110.20	19.30	15.90	162.20	459.30	230.70	31.50	15.50	37.20

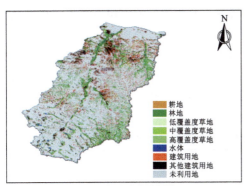

（a）1998年土地利用类型

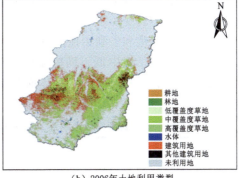

（b）2006年土地利用类型

（c）2022年土地利用类型

图 4-81　西柳沟淤地坝系建设前后土地利用类型变化

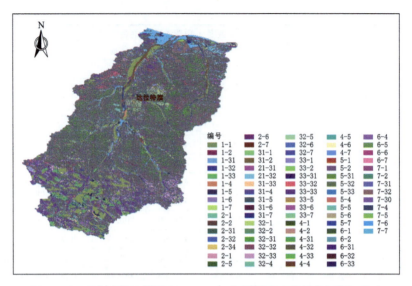

图 4-82　西柳沟淤地坝系 1986—2022 年不同土地利用类型空间转移

为进一步厘清淤地坝系建设前后研究区土地利用类型转移状态，本书通过分析 1986—2022 年的土地利用类型转移矩阵（图 4-82）发现，西柳沟淤地坝系不同土地利用类型除面积变化外，其空间分布发生了较大的转变，原有的土地利用类型不同程度地向着其他土地利用类型转变，耕地从无增加到近百平方公里，原有林地的区域大部分变成了耕地、中高覆盖度草地和未利用地，原有的未利用土地在淤地坝系工程建设的作用下，变成了更多的草地，包括高中低不同覆盖度的草地，淤地坝系的水土保持作用得以体现；此外，经过水面面积系列值分析，水体面积呈现下降趋势，1986—2022 年水体面积减少幅度为 0.19km²/a（表 4-40）。

表 4-40　　　　西柳沟淤地坝系 1986—2022 年土地利用状态转移矩阵

状态转移矩阵 /km²		2022 年									
		耕地	林地	低覆盖度草地	中覆盖度草地	高覆盖度草地	水体	建设用地	其他建设用地	未利用地	总计
1986 年	耕地	64.11	1.67	1.53	6.62	21.30	1.54	3.45	1.29	1.21	102.73
	林地	0.58	4.53	0.36	2.25	2.72	0.00	0.21	0.01	0.00	10.67
	低覆盖度草地	6.88	1.60	56.58	63.35	16.67	0.46	4.07	2.28	5.31	157.20
	中覆盖度草地	18.79	4.71	138.71	240.70	88.88	0.74	12.79	6.79	3.16	515.28
	高覆盖度草地	15.19	6.27	7.69	76.03	95.78	0.56	5.21	2.88	0.96	210.56
	水体	3.34	0.48	2.02	2.79	2.52	7.67	0.23	0.08	3.44	22.58
	建设用地	0.00	0.00	0.24	0.19	0.08	0.00	0.96	0.00	0.00	1.47
	其他建设用地	0.04	0.00	0.01	0.10	0.03	0.00	0.00	0.00	0.00	0.18
	未利用地	2.88	0.19	8.44	17.68	4.65	4.64	1.19	1.37	22.17	63.21
	总计	85.97	95.29	85.38	298.78	189.17	3.83	45.33	158.26	121.88	1083.89

4.3.2.2　土壤侵蚀

经过计算分析，得到西柳沟淤地坝系 1986—2022 年土壤侵蚀强度结果，其中 1986 年、2022 年土壤侵蚀强度如图 4-83 和图 4-84 所示。

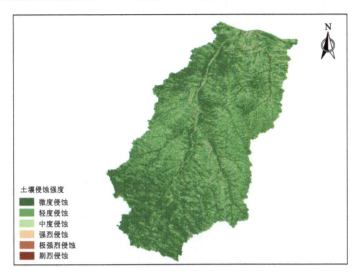

图 4-83　西柳沟淤地坝系 1986 年土壤侵蚀强度图

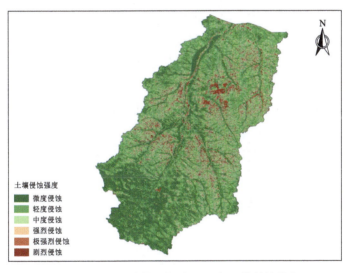

图 4-84　西柳沟淤地坝系 2022 年土壤侵蚀强度

西柳沟淤地坝系 1986—2022 年不同等级土壤侵蚀面积及比例见表 4-41。

表 4-41　　　　　　　　西柳沟淤地坝系 1986—2022 年土壤侵蚀变化

年份	重度侵蚀		中度侵蚀		轻度以下侵蚀	
	面积/km²	比例/%	面积/km²	比例/%	面积/km²	比例/%
1986	7.43	0.69	64.85	5.99	1010.58	93.33
1988	70.89	6.55	106.68	9.85	905.29	83.60

续表

年份	重度侵蚀		中度侵蚀		轻度以下侵蚀	
	面积/km²	比例/%	面积/km²	比例/%	面积/km²	比例/%
1990	48.26	4.46	144.86	13.38	889.74	82.17
1992	72.25	6.67	191.47	17.68	819.15	75.65
1994	84.73	7.82	182.64	16.87	815.50	75.31
1996	61.20	5.65	179.46	16.57	842.20	77.78
1998	80.85	7.47	206.22	19.04	795.79	73.49
2000	13.27	1.23	84.24	7.78	985.35	91.00
2002	57.12	5.27	177.27	16.37	848.47	78.35
2004	53.85	4.97	159.09	14.69	869.92	80.34
2006	31.67	2.92	118.77	10.97	932.42	86.11
2008	39.34	3.63	132.70	12.25	910.82	84.11
2010	36.16	3.34	134.51	12.42	912.19	84.24
2012	111.12	10.26	190.40	17.58	781.34	72.16
2014	45.01	4.16	139.10	12.85	898.75	83.00
2016	73.18	6.76	138.31	12.77	871.38	80.47
2018	43.68	4.03	134.52	12.42	904.66	83.54
2020	51.62	4.77	148.37	13.70	882.87	81.53
2022	82.30	7.60	176.51	16.30	824.06	76.10

总体上看，西柳沟淤地坝系 1986—2022 年土壤侵蚀呈现波动加剧的特点，原有的重度侵蚀面积、中度侵蚀面积均有所扩大，面积分别由 7.43km² 上升到 82.30km²、64.85km² 上升到 176.51km²，对应比例分别由 0.69% 上升到 7.60%、5.99% 上升到 16.30%；轻度以下侵蚀面积则有所减少，面积由 1010.58km² 下降到 824.06km²，所占比例则由 93.33% 下降到 76.10%。

4.3.3　气象遥感监测与互馈分析

4.3.3.1　降水

1. 时间尺度变化特征

（1）年际变化特征。选择达拉特旗国家气象观测站（54113）为典型代表站，系统分析研究区内降水年际变化特征，见图 4-85。根据降水统计资料，西柳沟淤地坝系 1971—2022 年平均降水量为 308.0mm，丰水年（$P=25\%$）、平水年（$P=50\%$）、枯水年（$P=75\%$）对应的典型年降水量分别为 364.5mm（1978 年）、317.6mm（1985 年）、239.4mm（1999 年）。

从达拉特旗国家气象观测站 52 年降水变化曲线来看（见图 4-86），研究区的降水呈现平稳波动、略有增加的特点，SPSS 统计分析软件计算线性回归方程显著性参数 $P=0.15>0.1$，这种降水的增加趋势并不明显，另外，西柳沟淤地坝系建成（2013 年）前

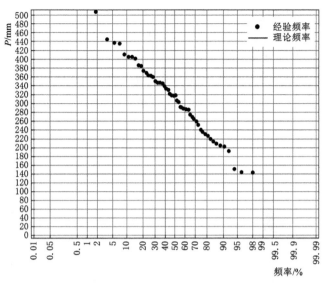

图 4-85　达拉特旗国家气象观测站 1971—2022 降水量 P-Ⅲ型频率曲线

后，坝系所在的研究区降水并未出现较大的波动。

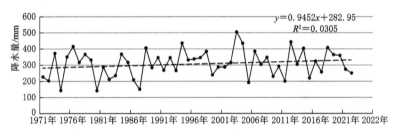

图 4-86　达拉特旗国家气象观测站年降水量变化

（2）年内变化趋势分析。为分析流域降水量年内变化趋势，进一步了解降水随季节变化规律，利用气象站逐日降水资料得到达拉特旗国家气象观测站年内降水变化曲线，见图4-87。由此看出，降水主要发生在夏季（6—8月），该时期累计降水量占流域全年降水的70%以上；其中贡献最大的是7月、8月。这表明"干燥少雨、降水集中"的温带大陆性气候特点在西柳沟淤地坝系表现较为突出。

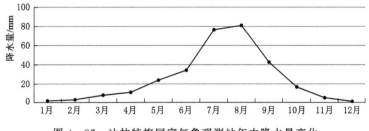

图 4-87　达拉特旗国家气象观测站年内降水量变化

2. 降水空间变化特征

基于达拉特旗、伊金霍洛旗、杭锦旗国家气象观测站，东胜国家基本气象站月平均实测数据，利用 ArcGIS 空间插值法计算西柳沟淤地坝系多年平均（1984—2022 年）、建成前（1984—1993 年）、建成后（1994—2022 年）空间变化特征，见图 4-88。对比降水结果显示，1984—2022 年多年平均降水量为 355.3mm，水库建设前（1984—1993 年）多年平均降水量为 349.1mm，建成后（1994—2022 年）降水平均值为 357.6mm。

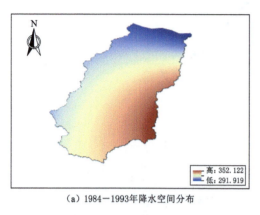
（a）1984－1993年降水空间分布

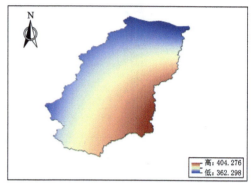
（b）2005－2022年降水空间分布

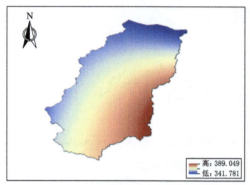
（c）2001－2022年降水空间分布

（d）降水变化趋势及显著性检验

图 4-88 西柳沟淤地坝系不同时期降水空间分布及变化趋势分析（单位：mm）

对比西柳沟淤地坝系建设前后不同时期的降水量，建成后降水较建成前增加了 8.5mm；从空间分布上看，西柳沟淤地坝系建设前后，降水高值区在坝系所处的上游即东南低纬度处。在此基础上，本书利用趋势分析法研究了西柳沟淤地坝系所在区域降水的时间变化特征，发现降水呈现波动增长的趋势，其线性增长速率约为 0.66mm/a，见图 4-88（d）。

为进一步剖析西柳沟淤地坝系研究区的降水变化，本书解析得到 1984—2022 年降水不同空间位置变化趋势，并划分为极显著增加（增速 $b>0$，$p<0.01$）、显著增加（增速 $b>0$，$0.01 \leqslant p < 0.05$）、非显著性增加（增速 $b>0$，$p \geqslant 0.05$）、非显著性降低（增速 $b<0$，$p \geqslant 0.05$）、轻微降低（增速 $b<0$，$0.01 \leqslant p < 0.05$）、显著降低（增速 $b<0$，$p<0.01$）6 个等级，并分析了西柳沟淤地坝系 1984—2022 年降水变化趋势及显著性检验结果。从图 4-88（d）可以进一步印证研究区降水总体呈现增加态势，但增加趋势不显著。

4.3.3.2 温度

1. 时间尺度变化特征

（1）年际变化特征。选择达拉特旗国家气象观测站（54113）为典型代表站，系统分析研究区内温度年际变化特征，见图4-89。根据温度统计资料，西柳沟淤地坝系1971—2022年平均温度为7.5℃，丰水年（$P=25\%$）、平水年（$P=50\%$）、枯水年（$P=75\%$）对应的典型年温度分别为6.8℃（1978年）、6.0℃（1985年）、8.5℃（1999年）。

从达拉特旗国家气象观测站51年温度变化曲线来看（见图4-89），研究区的温度呈现平稳增加的态势，SPSS统计分析软件计算线性回归方程显著性参数$P=0.00<0.01$，温度增加特征具有显著性，线性回归方程显示温度增幅达到0.6℃/10a，西柳沟淤地坝系建成（2013年）前后，淤地坝所在的研究区温度呈波动状态。

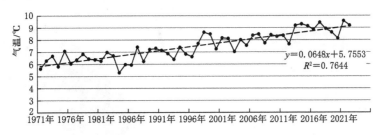

图4-89 达拉特旗国家气象观测站年温度变化

（2）年内变化趋势分析。为分析淤地坝系所在区域的温度年内变化趋势，进一步了解温度随季节变化规律，利用气象站逐日温度资料得到达拉特旗国家气象观测站年内温度变化曲线见图4-90。由此看出，温度最高峰出现在7月，达到23.4℃，冬季（12月、1月）处于全年最低。"夏季干燥高温、冬季低温干冷"的气候特点在西柳沟淤地坝系表现较为突出。

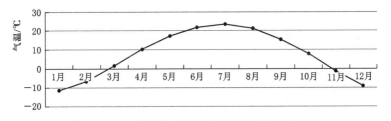

图4-90 达拉特旗国家气象观测站年内温度变化

2. 温度空间变化特征

基于达拉特旗、伊金霍洛旗、杭锦旗国家气象观测站及东胜国家基本气象站月平均实测数据，利用ArcGIS空间插值法计算西柳沟坝系多年平均（1984—2022年）、建成前（1984—1993年）、建成后（1994—2022年）空间变化特征。对比温度结果显示（见图4-91），1984—2022年多年平均温度量为7.3℃，水库建设前（1984—1993年）多年平均温度量为6.3℃，建成后（1994—2022年）温度平均值为7.6℃。

对比西柳沟淤地坝系建设前后不同时期的温度量，建成后温度较建成前增加了1.3℃；从空间分布上看，西柳沟淤地坝系建设前，温度高值区在坝系所处的西北中下游

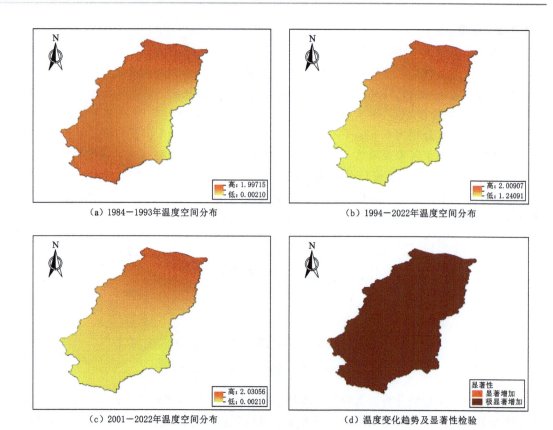

（a）1984—1993年温度空间分布　　　　　　　　（b）1994—2022年温度空间分布

（c）2001—2022年温度空间分布　　　　　　　　（d）温度变化趋势及显著性检验

图 4 - 91　西柳沟淤地坝系不同时期温度空间分布及变化趋势分析（单位：℃）

处，随着时间的推移，温度高值区偏移到北侧达拉特旗附近。在此基础上，本书利用趋势分析法研究了西柳沟淤地坝系所在区域温度的时间变化特征，发现温度呈现波动增长的趋势，其线性增长速率约为 0.05℃/a，见图 4 - 91 （d）。

为进一步剖析西柳沟淤地坝系研究区的温度变化，本书解析得到 1984—2022 年温度不同空间位置变化趋势，并划分为极显著增加（增速 $b>0$，$p<0.01$）、显著增加（增速 $b>0$，$0.01 \leqslant p<0.05$）、非显著性增加（增速 $b>0$，$p \geqslant 0.05$）、非显著性降低（增速 $b<0$，$p \geqslant 0.05$）、轻微降低（增速 $b<0$，$0.01 \leqslant p<0.05$）、显著降低（增速 $b<0$，$p<0.01$）6 个等级，并分析了西柳沟淤地坝系 1984—2022 年温度变化趋势及显著性检验结果。从图 4 - 91 （d）可以进一步印证研究区温度总体呈现增加态势，表现出极显著特征。

4.3.3.3　湿度

1. 时间尺度变化特征

（1）年际变化特征。选择达拉特旗国家气象观测站（54113）为典型代表站，系统分析研究区内湿度年际变化特征，见图 4 - 92。根据湿度统计资料，西柳沟淤地坝系 1971—2022 年平均湿度为 52.3%，丰水年（$P=25\%$）、平水年（$P=50\%$）、枯水年（$P=75\%$）对应的典型年湿度分别为 55.8%（1978 年）、53.3%（1985 年）、49.7%（1999 年）。

从达拉特旗国家气象观测站 52 年湿度变化曲线来看（见图 4-92），研究区的湿度呈现平稳略减的态势，SPSS 统计分析软件计算线性回归方程显著性参数 $P=0.00<0.01$，湿度减少特征明显。

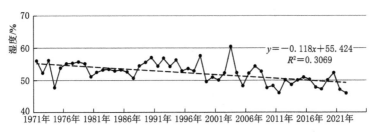

图 4-92 达拉特旗国家气象观测站年湿度变化

（2）年内变化趋势分析。为分析淤地坝所在区域的湿度年内变化趋势，进一步了解湿度随季节变化规律，利用气象站逐日湿度资料得到达拉特旗国家气象观测站年内湿度变化曲线，图 4-93。由此看出，湿度最高峰出现在 8 月、9 月，这与该区域降水年内变化基本一致。

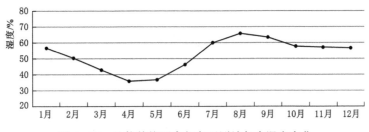

图 4-93 达拉特旗国家气象观测站年内湿度变化

2. 湿度空间变化特征

基于达拉特旗、伊金霍洛旗、杭锦旗国家气象观测站及东胜国家基本气象站月平均实测数据，利用 ArcGIS 空间插值法计算了西柳沟淤地坝系多年平均（1984—2022 年）、建成前（1984—1993 年）、建成后（1994—2022 年）空间变化特征。对比湿度结果显示（见图 4-94），1984—2022 年多年平均湿度为 49.2%，水库建设前（1984—1993 年）多年平均湿度为 50.9%，建成后（1994—2022 年）湿度平均值为 48.6%。

对比西柳沟淤地坝系建设前后不同时期的湿度量，建成后湿度较建成前降低了2.3%；从空间分布上看，西柳沟淤地坝系建设前后湿度空间变化不大，主要是北部下游高南部上游低的整体态势。在此基础上，本书利用趋势分析法研究了西柳沟淤地坝系所在区域湿度的时间变化特征，湿度呈现整体减弱态势见图 4-94（d）。

为进一步剖析西柳沟淤地坝系研究区的湿度变化，本书解析得到 1984—2022 年湿度不同空间位置变化趋势，并划分为极显著增加（增速 $b>0$，$p<0.01$）、显著增加（增速 $b>0$，$0.01\leq p<0.05$）、非显著性增加（增速 $b>0$，$p\geq 0.05$）、非显著性降低（增速 $b<0$，$p\geq 0.05$）、轻微降低（增速 $b<0$，$0.01\leq p<0.05$）、显著降低（增速 $b<0$，$p<0.01$）6 个等级，并分析了西柳沟淤地坝系 1984—2022 年湿度变化趋势及显著性检验结果。从图 4-94（d）可以进一步印证研究区湿度总体整体减弱态势不显著。

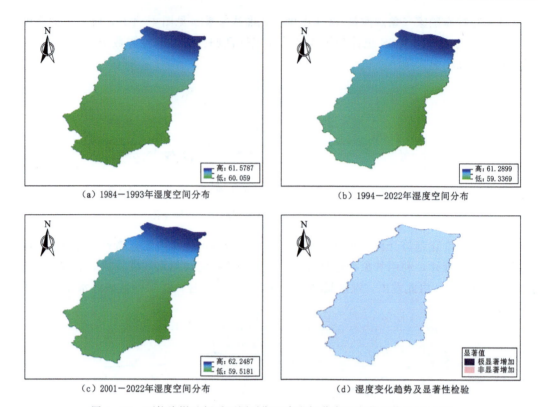

（a）1984—1993年湿度空间分布 （b）1994—2022年湿度空间分布

（c）2001—2022年湿度空间分布 （d）湿度变化趋势及显著性检验

图 4 - 94 西柳沟淤地坝系不同时期湿度空间分布及变化趋势分析（%）

4.3.3.4 风速

1. 时间尺度变化特征

（1）年际变化特征。选择达拉特旗国家气象观测站（54113）为典型代表站，系统分析研究区内风速年际变化特征。根据风速统计资料，西柳沟淤地坝系 1971—2022 年平均风速量为 2.4m/s，丰水年（$P=25\%$）、平水年（$P=50\%$）、枯水年（$P=75\%$）对应的典型年风速量分别为 2.8m/s（1978 年）、2.9m/s（1985 年）、2.2m/s（1999 年）。

从达拉特旗国家气象观测站 51 年风速变化曲线来看（见图 4 - 95），研究区的风速呈现减弱的态势，SPSS 统计分析软件计算线性回归方程显著性参数 $P=0.00<0.01$，风速增加特征具有显著性，线性回归方程显示风速减幅 0.3m/s/10a，西柳沟淤地坝系建成（2013 年）前后，淤地坝所在的研究区风速无明显变化。

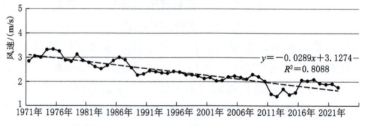

图 4 - 95 达拉特旗国家气象观测站年风速变化

（2）年内变化趋势分析。为分析淤地坝所在区域的风速年内变化趋势，进一步了解风速随季节变化规律，利用气象站逐日风速资料得到达拉特旗国家气象观测站年内风速变化曲线，见图 4-96。由此看出，最大风速仍旧是 4 月和 5 月，夏秋季的风速处于全年最低。

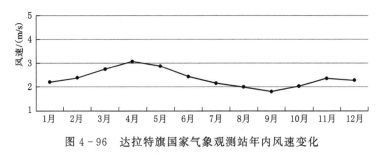

图 4-96　达拉特旗国家气象观测站年内风速变化

2. 风速空间变化特征

基于达拉特旗、伊金霍洛旗、杭锦旗国家气象观测站及东胜国家基本气象站月平均实测数据，利用 ArcGIS 空间插值法计算了西柳沟坝系多年平均（1984—2022 年）、建成前（1984—1993 年）、建成后（1994—2022 年）空间变化特征。对比风速结果显示（见图 4-97），1984—2022 年多年平均风速为 2.7m/s，水库建设前（1984—1993 年）多年平均风速为 2.8m/s，建成后（1994—2022 年）风速平均值为 2.6m/s。

对比西柳沟淤地坝系建设前后不同时期的风速量，建成后风速较建成前降低了 0.2m/s；从空间分布上看，西柳沟淤地坝系建设前后，南部鄂尔多斯台地是风速高值区，靠近下游的区域风速逐渐减弱。在此基础上，本书利用趋势分析法研究了西柳沟淤地坝系所在区域风速的时间变化特征，发现风速呈现波动变化，但增减趋势非常不明显，见图 4-97（d）。

为进一步剖析西柳沟淤地坝系研究区的风速变化，本书解析得到 1984—2022 年风速不同空间位置变化趋势，并划分为极显著增加（增速 $b>0$，$p<0.01$）、显著增加（增速 $b>0$，$0.01 \leqslant p<0.05$）、非显著性增加（增速 $b>0$，$p \geqslant 0.05$）、非显著性降低（增速 $b<0$，$p \geqslant 0.05$）、轻微降低（增速 $b<0$，$0.01 \leqslant p<0.05$）、显著降低（增速 $b<0$，$p<0.01$）6 个等级，并分析了西柳沟淤地坝系 1984—2022 年风速变化趋势及显著性检验结果。从图 4-97（d）可以进一步印证，研究区风速总体呈现较强的地带性，越靠近南部山区台地，风速增加态势越显著，北部洼地的风速变化甚微。

4.3.3.5　干旱

1988—2020 年，西柳沟淤地坝系的 SPI 变化趋势如图 4-98 所示。期间，SPI 值呈持续下降趋势，表明该地区干旱情况在逐渐加剧。西柳沟淤地坝系研究区在 1988—2020 年共发生 6 次干旱事件，最严重的是 2009 年发生的极度干旱事件，此外还有 1 次重度干旱事件和 3 次中度干旱事件。

4.3.4　生态遥感监测与互馈分析

4.3.4.1　植被覆盖

从表 4-42 中可以看出，西柳沟淤地坝系流域 NDVI 指数平均值常年稳定在 0.15 左

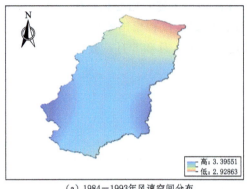
（a）1984—1993年风速空间分布

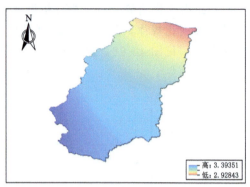
（b）1994—2022年风速空间分布

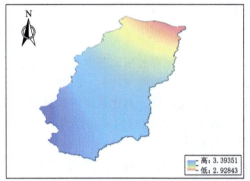
（c）2001—2022年风速空间分布

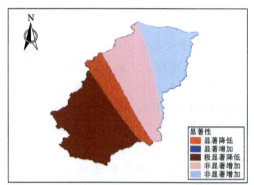
（d）风速变化趋势及显著性检验

图 4-97 西柳沟淤地坝系不同时期风速空间分布及变化趋势分析（单位：m/s）

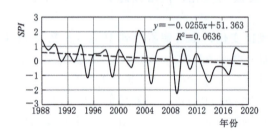

图 4-98 西柳沟淤地坝系 SPI 变化图

右，其中部分年份的部分季度由于云层的影响，其 NDVI 指数较往年会出现很大变化，本书中将这些季度的 NDVI 指数当作异常值处理。

由于部分影像受云层影响严重，所以本书以 1988 年第三季度、2000 年第三季度和 2020 年第三季度 NDVI 影像为对象，研究淤地坝系建设前后流域植被覆盖的变化。由图 4-99 可以看出，西柳沟淤地坝系建成之后，流域整体的植被覆盖呈上升趋势，特别是南部下游地区，变化较为明显，植被覆盖显著提高。

表 4-42 西柳沟淤地坝系 1986—2022 年 NDVI 指数平均值

年份	第一季度	第二季度	第三季度	第四季度
1986	0.09	0.09	0.16	0.06
1988	0.08	0.05	0.15	0.09
1990	0.04	0.04	0.07（云）	0.09
1992	0.08	0.07	0.08（云）	0.07

年份	第一季度	第二季度	第三季度	第四季度
1994	0.08	0.08	0.11	0.08
1996	0.09	0.05	0.13	0.08
1998	0.07	0.07	0.13	0.09
2000	0.06	0.08	0.15	0.03
2002	0.09	0.05	0.12	0.10
2004	0.08	0.13	0.15	0.04
2006	0.04	0.08	0.16	0.07
2008	0.08	0.09	0.13（云）	0.09
2010	0.08	0.09	0.13	0.08
2012	0.08	0.10	0.30	0.17
2014	0.14	0.16	0.27	0.13
2016	0.11	0.18	0.21	0.13
2018	0.12	0.19	0.04（云）	0.13
2020	0.10	0.17	0.22	0.08
2022	0.06	0.08	0.16	0.08

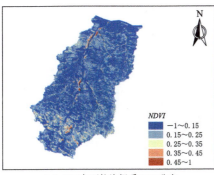

（a）1988年西柳沟坝系*NDVI*分布

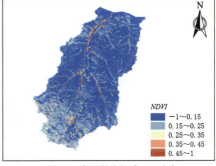

（b）2000年西柳沟坝系*NDVI*分布

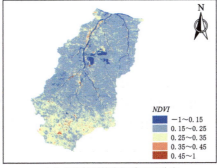

（c）2020年西柳沟坝系*NDVI*分布

图 4-99　西柳沟淤地坝系建设前后 *NDVI* 指数变化

4.3.4.2　净初级生产力

西柳沟淤地坝系研究区 2003—2022 年每 5 年的平均净初级生产力的空间分布如图 4-100 所示。结果表明,西柳沟流域净初级生产力值呈中部北部低,南部高,2003—2022 年流域整体净初级生产力大幅提升,其中南部和北部提升最为明显,虽然中部 *NPP* 值仍处于低水平,但低净初级生产力区域范围正在逐步缩减。这一变化说明西柳沟流域生态环境质量正在逐步改善。

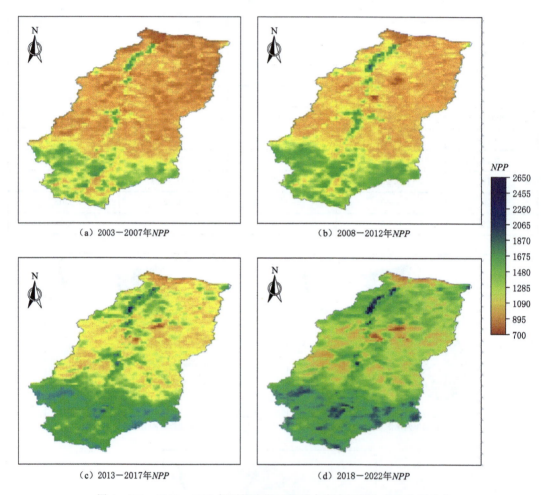

（a）2003—2007年*NPP*　　　　　　　（b）2008—2012年*NPP*

（c）2013—2017年*NPP*　　　　　　　（d）2018—2022年*NPP*

图 4-100　2003—2022 年西柳沟淤地坝系水库净初级生产力空间分布

图 4-101 显示了西柳沟淤地坝系研究区 *NPP* 的空间趋势特征（*Z* 值）。*NPP* 呈显著上升趋势（*Z*>1.65）的区域面积占比达 85.3%,其中研究区北部表现出更广泛和显著的增加趋势。以上结果表明西柳沟淤地坝系研究区整体生态环境质量有长期增长趋势,尤其北部区域生态环境改善潜力巨大。

4.3.4.3　生态环境指数

基于上述分析结果,可以分别计算研究区生境质量指数、植被覆盖度指数、土地胁迫指数,进而利用生态环境状况指数综合分析研究区生态环境状况变化情况。1986—2022

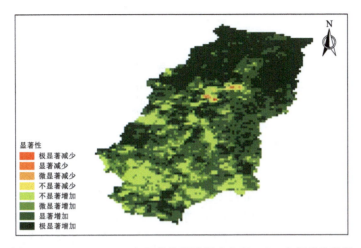

图 4-101　2003—2022 年西柳沟淤地坝系水库 *NPP* 空间趋势特征

年西柳沟淤地坝系生境质量指数如图 4-102 所示。

结果表明，1986—2022 年大部分年份生境质量指数偏低仅维持在 40 左右，总体趋势表现出稳中有升的态势，说明生态环境质量有一定幅度提高，且长期表现出向好趋势。从生境质量的角度分析，1993 年淤地坝系的建设对于生境质量的提高及稳定起到了积极作用，生境质量指数逐年稳步上升，趋势依然向好，从生境质量指数反映出生态环境质量有较好改善和提高。1986—2022 年西柳沟淤地坝系植被覆盖度指数变化如图 4-103 所示。

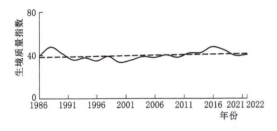

图 4-102　1986—2022 年西柳沟淤地坝系
生境质量指数变化

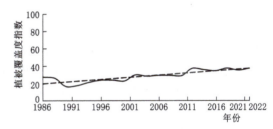

图 4-103　1986—2022 年西柳沟淤地坝系
植被覆盖度指数变化

结果表明，1986—2022 年西柳沟淤地坝系水库研究区植被覆盖度指数由 27 上升到 36，说明植被覆盖度有大幅度提高，且长期表现出向好趋势。由于西柳沟淤地坝系为季节性河流，主要功能为防汛，坝系仅在汛期发挥功能，因此不计算水网密度，并且在生态环境质量指数计算中不考虑水网密度指数。

1986—2022 年西柳沟淤地坝系土地胁迫指数变化如图 4-104 所示。

西柳沟淤地坝系土地胁迫指数在波动中呈现出缓慢上升的趋势，土地胁迫指数基本徘徊在 10～15 之间，土地胁迫指数上升一方面是由于土壤侵蚀面积的不断增加，另一方面是由于建设用地的持续增加。

经过计算，得到 1986—2022 年西柳沟淤地坝系生态环境指数变化情况，如图 4-105 所示。

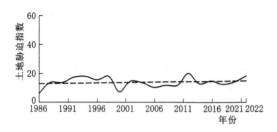

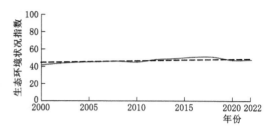

图4-104　1986—2022年西柳沟淤地坝系　　　　图4-105　1986—2022年西柳沟淤地坝系
土地胁迫指数变化　　　　　　　　　　　　　　　生态环境指数变化

　　总体来看，西柳沟淤地坝系研究区生态环境指数变化不大，反映了研究区生态环境比较稳定。数值上，生态环境指数保持在40左右，按照生态环境等级划分，西柳沟淤地坝系生态环境状况属于一般等级（55＞EI≥35），今后应加强对西柳沟淤地坝系生态环境的保护，从而保证其生态环境质量的稳定，而不至于进一步下降，而西柳沟淤地坝系的建设正符合这一环境要求，促进了生态环境的稳定和向好发展。

4.4　小　　结

4.4.1　乌拉盖水库研究区

　　（1）乌拉盖水库自2005年开始重新投入运行至2010年，水库蓄水面积呈波动增加趋势，至2010年达到21.5km²；2010—2015年，水库蓄水面积呈现波动趋势，湖库面积均超过20km²；2016年由于水库处于除险加固施工阶段且叠加降水减少因素，水库蓄水面积骤减为7.75km²；2018—2022年水库蓄水面积呈波动增加趋势，湖库平均面积25.97km²。乌拉盖水库水质综合营养状态指数为53.15，属于轻度富营养化状态。

　　（2）乌拉盖水库研究区2005—2022年耕地面积呈现持续降低态势，2005—2020年建设用地和未利用地面积占比小，变化不大；林地面积较2005年增70.47%。草地面积总体上增加，水体面积总体呈现波动增加趋势。乌拉盖水库2005—2022年土壤侵蚀的变化情况，总体上看土壤侵蚀变化不大，呈现出土壤侵蚀减弱的趋势。

　　（3）气象条件演变特点为：降水增加的态势覆盖全部的研究区；乌拉盖水库建设前后温度分布较为一致，总体上是东南低纬度地区温度高，西北高纬度地区温度低；从空间分布上看，湿度高值区在研究区西北侧高纬度地带，风速高值区在研究区东南侧低纬度地带。

　　（4）从空间上来看，水库重新投入运行后乌拉盖水库流域植被覆盖度整体呈现波动趋势，其波动趋势与降水波动基本一致，与净初级生产力分布较为一致，说明降水减少对流域生态环境的影响较小，水库周边的生态环境相对稳定。

　　（5）乌拉盖水库研究区生境质量指数稳定维持在50左右，且长期表现出平稳趋势；植被覆盖度指数稳定维持在63左右；水网密度指数基本维持在199左右，且变化幅度较小，长期表现出稳定趋势；土地胁迫指数波动较大，总体趋势呈现出土地胁迫加剧的趋势；生态环境指数保持在 90 左右，按照生态环境等级划分，始终处于最高等级优等范围，客观地反映了天堂草原乌拉盖优良的生态环境。

4.4.2 德日苏宝冷水库研究区

（1）德日苏宝冷水库水域面积季节变化较为明显，属于典型的季节性河流，河流长度基本保持在 130km 左右，湖库面积则呈现持续增加的趋势。2015—2021 年德日苏宝冷水质情况变化不大，属于轻度富营养化状态。

（2）2010—2022 年，德日苏宝冷水库研究区耕地面积在曲折变化中呈现波动微减少趋势，林地面积呈现增长趋势，水体面积呈波动增长趋势；低覆盖度草地大幅度减少，中覆盖度草地和高覆盖度草地都在增长。中高覆盖度草地面积增幅达 86.14%，低覆盖度草地降低 61.9%，低覆盖度草地的去向主要是中高覆盖度草地，土壤侵蚀呈现波动中减弱的特点，原有的重度侵蚀面积、中度侵蚀面积均有所减少，轻度以下侵蚀面积则有所增加。

（3）研究区的降水呈现平稳波动、略有增加的特点，靠近下游，降水增加趋势越显著；从空间分布上看，德日苏宝冷水库建设前，降水高值区在水库库区及上游位置处，水库建成后，降水高值区从水库库区及上游位置处转移到水库下游位置。2001—2021 年德日苏宝冷水库温度变化总体呈现增加趋势，湿度变化变化无几，呈现上游到下游递减趋势。总体上是中游库区及以上风速较大，上游和下游风速相对较低。

（4）水库建成后植被覆盖度有了很大程度的提高，特别是在水库西部丘陵地区 NDVI 指数增长明显。2000—2022 年，德日苏宝冷水库研究区生境质量指数维持在 40 左右，且长期表现出稳定趋势，水库建成后，生境质量指数维持在 47 左右，且长期表现出向好趋势，说明水库建设对于生态环境具有良好的改善作用。

（5）水网密度指数维持在 191 左右，且变化幅度较小，长期表现出稳定趋势，反映出蓄水工程建设对于研究区水网密度的稳定有所贡献。土地胁迫指数在波动中呈现出缓慢上升的趋势，土地胁迫指数基本徘徊在 10～15，生态环境指数保持在 75 左右，按照生态环境等级划分，德日苏宝冷水库生态环境状况在优（$\geqslant 75$）和良（$75 > EI \geqslant 55$）之间波动，今后应加强对德日苏宝冷水库生态环境的保护，从而保证其生态环境质量的优良等级。

4.4.3 西柳沟淤地坝系工程研究区监测结论

（1）西柳沟淤地坝系工程大多建于 2000—2010 年，2010—2022 年水域面积呈现出波动增加趋势。西柳沟淤地坝系水质情况属于中度富营养化，2020 年水质情况有所改善，综合营养状态指数回升至轻度富营养化。

（2）2010—2022 年，研究区林地面积、水体面积均呈现增加趋势，低覆盖度草地大幅度减少，中覆盖度草地和高覆盖度草地都在增长。原有的未利用土地在淤地坝系工程建设的作用下，变成了更多的草地，包括高中低不同覆盖度的草地，淤地坝系的水土保持作用得以体现。

（3）研究区降水总体呈现增加态势，温度呈现波动增长的趋势，湿度呈现整体减弱态势，风速呈现波动变化。植被覆盖呈上升趋势，特别是南部下游地区，变化较为明显。

（4）植被覆盖显著提高；净初级生产力值呈中部北部低，南部高。2010—2022 年大部分年份生境质量指数偏低仅维持在 40 左右，总体趋势表现出稳中有升的趋势；植被覆盖度指数由 27.87 上升到 37.79，说明植被覆盖度大幅度提高。

（5）土地胁迫指数基本徘徊在 10～15，在波动中呈现出缓慢上升的趋势；生态环境指数保持在 40 左右，按照生态环境等级划分，西柳沟淤地坝系生态环境状况属于一般等级（55＞EI≥35），今后应加强对西柳沟淤地坝系生态环境的保护，从而保证其生态环境质量的稳定，而不至于进一步下降，而西柳沟淤地坝系的建设正符合这一环境要求，促进了生态环境的稳定和向好发展。

第5章 蓄水工程生态环境效应评价指标体系与模型

5.1 评价指标体系

指标是综合反映生态环境影响某一方面情况的物理量，是评价的基本尺度和衡量标准，指标体系是生态环境综合评价的根本条件和理论基础。各个国家或地区所处的自然、社会经济情况不同以及研究者处的背景不同，所以很难统一的评价指标体系。因此指标体系的构建成功与否决定了评价效果的真实性和可行性。

5.1.1 评价指标体系的确定

截至目前，内蒙古自治区注册登记的水库有596座，其主要作用如下：

（1）防洪：水库能够有效地拦截和储存洪水，从而降低洪水的冲击力和破坏性，减少对人类和自然环境的危害。

（2）供水：水库能提供稳定的淡水供应，包括生活用水、农业灌溉和工业生产等。

（3）农业灌溉：许多水库成为农田的重要水源，有助于提高农业生产效率。

（4）发电：通过水力发电站，将水库的势能转化为电能。

（5）水库对周边环境有一定的降温、增湿、净化空气的作用。

目前西柳沟已建成淤地坝163座，淤地坝的作用主要包括：

（1）拦泥保土，减少入黄泥沙。修建于各级沟道中的淤地坝，从源头上封堵了向下游输送泥沙的通道，不仅能减轻沟道侵蚀，而且能够拦蓄坡面汇入沟道内的泥沙，对黄河安澜起到了极其重要的作用。

（2）淤地造田，提高粮食产量。淤地坝将含有大量牲畜粪便、枯枝落叶等有机质的坡面泥沙就地拦蓄，使荒沟变成了肥沃的坝地。因此，在黄土高原区广泛地流传着"宁种一亩沟，不种十亩坡"的说法。

（3）防洪减灾，保护下游安全。淤地坝通常以小流域为单元，以梯级方式建设，层层拦蓄，具有较强的削峰、滞洪能力和上拦下保的作用，能有效地防止洪水泥沙对下游造成的危害。

（4）助力脱贫，促进乡村振兴。淤地坝在工程运行前期，可拦蓄径流，为当地工农业生产和群众生活提供用水。同时，坝顶成为连接沟壑两岸的桥梁，大大改善了山区的交通条件。同时，有助于农牧业发展，促进乡村经济发展。

（5）优化土地利用结构，促进退耕还林还草。淤地坝建设解决了农民的基本粮食需求，为坡耕地退耕还林还草、封山禁牧，为生态环境改善和经济社会的可持续发展奠定了坚实的基础。

由于水库工程和淤地坝系工程的作用及功能不同，一套评价指标体系并不能客观、真实地评价其生态环境效应，经征询有关专家意见，决定针对水库工程和水土保持生态治理工程建立不同的指标评价体系。

5.1.1.1　水库工程评价体系

乌拉盖水库工程任务是以工业供水、防洪为主，兼顾旅游等综合利用。德日苏宝冷水库的主要任务是以生态保护、工业供水为主，兼顾灌溉等综合利用。

因此针对乌拉盖水库和德日苏宝冷水库承担的工程任务，结合多名水利、生态专家对评价因子筛选的结果，最终得到水库工程生态环境影响评级体系，见表 5-1。

表 5-1　　　　　　　　　　　水库工程生态环境效应评价指标体系

项　目	方案层	因素层	指标层
典型蓄水工程生态环境效应综合评价（V）	社会经济影响（A1）	人口（B1）	定居人数（C1）
		经济（B2）	旅游效益（C21）
			工业效益（C22）
			人均 GDP（C23）
			农作物效益（C24）
			畜牧效益（C25）
	生态环境影响（A2）	水资源（B3）	水资源量（C31）
			河流长度（C32）
			水域面积（C33）
			湿地面积（C34）
			区域蒸散发（C35）
			水网密度（C36）
			水质综合状况（C37）
		生态环境状况（B4）	生境质量指数（C41）
			植被覆盖指数（C42）
			环境质量指数（C43）
			生态遥感指数（C44）
		土地利用（B5）	土地胁迫指数（C51）
			未利用土地面积（C52）
			草地覆盖面积（C53）
			建设用地（C54）
		蓄水保土功能（B6）	拦蓄水量（C61）
			下泄生态水量（C62）
		碳汇功能（B7）	净初级生产力 NPP（C71）
	气象变化（A3）	降雨（B8）	年降雨量（C81）
		气温（B9）	年平均气温（C91）
		干旱（B10）	干旱指数（C101）

5.1.1.2　淤地坝系工程评价体系

针对西柳沟淤地坝系承担的工程任务，结合多名水利、生态专家对评价因子筛选的结果，最终得到西柳沟淤地坝系生态环境影响评级体系，见表5-2。

表5-2　　　　　　　西柳沟淤地坝系生态环境影响评价指标体系

项　　目	方案层	因素层	指标层
典型蓄水工程生态环境效应综合评价（V）	社会经济影响（A1）	人口（B1）	定居人数（C1）
		经济（B2）	工业效益（C21）
			人均GDP（C22）
			农作物效益（C23）
			畜牧效益（C24）
	生态环境影响（A2）	生态环境状况（B3）	生境质量指数（C31）
			植被覆盖指数（C32）
			环境质量指数（C33）
			生态遥感指数（C34）
		土地利用（B4）	土地胁迫指数（C41）
			未利用土地面积（C42）
			草地覆盖面积（C43）
			建设用地（C44）
		保土功能（B5）	保土效益（C51）
		碳汇功能（B6）	净初级生产力NPP（C61）
		拦沙减沙（B7）	输沙量（C71）
	气象变化（A3）	降雨（B8）	年降雨量（C81）
		气温（B9）	年平均气温（C91）
		干旱（B10）	干旱指数（C101）

5.1.2　评价体系评价因子生态环境影响标准探讨

5.1.2.1　生态环境系统状态相关概念

（1）顶极态。生态环境系统在其自然演替中最后的稳定阶段的群落，就是顶极群落，它是与物理环境取得动态平衡的自我维系的系统。处于顶极群落的生态环境系统态势即为顶极态。在顶极态的生态环境系统中，有机物质可能没有年净积累，但却具有总体上最大数量和最优质量的生态环境系统服务功能。对于一个特定区域，其顶极群落有气候顶极群落和土壤顶极群落之分，前者是理论上的群落，该区域的演替发展都趋向于它。如果当地的地形、土壤、水、火灾和其他干扰，使得气候顶极群落不能形成，那么演替就以土壤顶极群落为终点。

（2）最佳态。退化生态环境系统在其生态恢复和生态重建过程中，为了满足人们生存和人类社会经济发展的需要，往往不是将其恢复到当地生态环境系统的顶级态，而是在保持生态环境系统稳定及一定的生态环境系统服务功能的前提下，将其建设成具有最大产出贡献的生态环境系统，这种生态环境系统就是最佳态的生态环境系统。

（3）现状态。历史时期受到各种自然因素和社会人文因素压力的干扰，而使得生态环境系统发生退化，其呈现的现状状态即为现状态。

现状态的生态环境系统是生态环境评价的对象。而顶极态和最佳态则可作为评价标准的参照系。

5.1.2.2　评价标准建立的原则

无论采用何种评价体系进行评价。都需要有依据和标准，生态效应评价标准也是确定生态效应影响大小的重要基础。在评价时，各个指标的实际值均需与标准值进行比较才可进行规格化，因此，评价标准的确定是其中的重要过程。评价标准的科学性和实用性将直接影响最终的评价结果。但是由于评价目的或者采用的评价模型不同，生态效应评价标准的形式也就不同；同时，不同区域自然环境的条件、社会经济发展状况等存在很大的差异，很难采用相同的一套标准来进行评价。因此，在实际中参考下列原则：

（1）国际标准、国家标准、地方标准、行业规范等。国家标准如已发布的环境质量标准《地表水环境质量标准》（GB 3838—2002）、《环境空气质量标准》（GB 3095—1996）等。行业标准指行业发布的环境评价规范、规定等。当地政府制定的标准、河流水系等保护要求、特殊区域的保护要求等也是评价标准的依据。

（2）背景值和本底值。以研究区域生态环境的背景值和本底值作为评价标准，包括水利工程兴建前河流的连通性、年径流的变化、水质达标的程度、区域植被的覆盖率、生物多样性的指数、区域水土流失的本底值等。

（3）类比标准。以相似自然条件的生态系统或者以没有受到人类严重干扰的相似生态环境作为评价的类比标准；以相似条件的生态因子和功能作为类比标准，如相似生态环境的水土流失情况、植被覆盖率、水环境质量等。

（4）专家经验，根据专家学者多年的经验来确定指标分级标准。

5.2　评价模型与权重

5.2.1　评价模型

（1）层次分析法的基本原理。评价模型构建采用层次分析法，层次分析法是一种将定性分析和定量分析相结合的系统分析方法，它把复杂的问题分解成若干层次，形成递进层次结构，使问题的分析过程大为简化，它具有简洁性、系统性、可靠性等优点，层次分析法的整个求解过程和人类大脑进行判断思维的过程相类似。层次分析法特别适合于评价分层次的指标体系。

（2）层次分析法的基本步骤如下：

1）分析模型系统中各个因素之间的关系，建立层次结构模型；

2）构造判断矩阵；

3）层次排序计算及其一致性检验；

4）层次总排序。

层次分析法的具体步骤详见 2.2.1 节。

5.2.2　评价指标的权重计算

根据层次分析法的步骤，首先根据建立的评价体系，综合判断每层次要素相对上一层次的影响程度的重要性，用 a_{ij} 表示 B_i 和 B_j 对 A 的影响之比，一般采用五级定量法给判断矩阵指标 a_{ij} 赋值，五级分为相等重要、稍重要、重要、很重要、特别重要，对此相应赋值为 1，3，5，7，9，而 2，4，6，8 用于重要性标度之间的中间值。至于一个指标显得比另一个指标不重要，则相应赋值为上述数字的倒数，即 1/3 表示较不重要、1/5 表示不重要、1/7 表示很不重要、1/9 表示特别不重要。全部结果可用成对比较矩阵表示。

此次权重判断矩阵邀请 7 位专家进行打分，下列仅以其中一位专家的判断矩阵进行展示，所有专家的判断矩阵都已通过一致性检验。

5.2.2.1　方案层指标权重计算

方案层包含 3 个指标，分别是社会经济影响、生态环境影响、气候变化，权重判断矩阵见表 5－3。

表 5－3　　　　　　　　　　　方案层权重判断矩阵

指　　标	社会经济影响	生态环境影响	气候变化
社会经济影响	1	1/8	2
生态环境影响	8	1	9
气候变化	1/2	1/9	1

得到判断矩阵后根据公式计算相应判断矩阵的特征向量、权重值以及 CI 值，计算结果见表 5－4。之后检验判断矩阵的一致性，结果见表 5－5。

表 5－4　　　　　　　　　　方案层判断矩阵计算结果

指　　标	特征向量	权重值/%	最大特征根	CI 值
社会经济影响	0.63	12.181		
生态环境影响	4.16	80.441	3.037	0.018
气候变化	0.382	7.378		

表 5－5　　　　　　　　　　　一 致 性 检 验 结 果

最大特征根	CI 值	RI 值	CR 值	一致性检验结果
3.037	0.018	0.525	0.035	通过

计算结果显示，最大特征根为 3.037，根据 RI 表查到对应的 RI 值为 0.525，因此 $CR=CI/RI=0.035<0.1$，通过一次性检验。

5.2.2.2　因素层指标权重计算

因素层共包含社会经济影响、生态环境影响和气象变化 3 个指标，下面分别计算相应权重。

（1）社会经济影响。社会经济影响共包含两个子指标，分别是人口、经济。权重判断矩阵见表 5－6。得到判断矩阵后根据公式计算相应判断矩阵的特征向量、权重值以及 CI

值，计算结果见表 5-7。之后检验判断矩阵的一致性，结果见表 5-8。

表 5-6 社会经济影响判断矩阵

社会经济影响子指标	人口	经济
人口	1	1/3
经济	3	1

表 5-7 社会经济影响判断矩阵计算结果

社会经济影响子指标	特征向量	权重值/%	最大特征根	CI 值
人口	0.794	43.90	3.1	0.05
经济	3.476	26.10		

表 5-8 一致性检验结果

最大特征根	CI 值	RI 值	CR 值	一致性检验结果
3.1	0.05	0.525	0.095	通过

计算结果显示，最大特征根为 3.1，根据 RI 表查到对应的 RI 值为 0.525，因此 $CR=CI/RI=0.095<0.1$，通过一次性检验。

（2）生态环境影响。生态环境影响共包括水资源、生态环境状况、土地利用、蓄水保土、碳汇功能、拦泥减沙 6 个子指标，权重判断矩阵见表 5-9。得到判断矩阵后根据公式计算相应判断矩阵的特征向量、权重值以及 CI 值，计算结果见表 5-10。之后检验判断矩阵的一致性，结果见表 5-11。

表 5-9 生态环境权重判断矩阵

生态环境影响子指标	水资源	生态环境状况	土地利用	蓄水保土	碳汇功能	拦泥减沙
水资源	1	2	4	8	8	9
生态环境状况	1/2	1	4	6	6	7
土地利用	1/4	1/4	1	3	4	6
蓄水保土	1/8	1/6	1/3	1	3	5
碳汇功能	1/8	1/6	1/4	1/3	1	3
拦泥减沙	1/9	1/7	1/6	1/5	1/3	1

表 5-10 生态环境判断矩阵计算结果

生态环境影响子指标	特征向量	权重值/%	最大特征根	CI 值
水资源	4.079	42.83	6.471	0.094
生态环境状况	2.821	29.619		
土地利用	1.285	13.491		
蓄水保土	0.686	7.202		
碳汇功能	0.416	4.371		
拦泥减沙	0.237	2.486		

表 5-11 一致性检验结果

最大特征根	CI 值	RI 值	CR 值	一致性检验结果
6.471	0.094	1.25	0.075	通过

　　计算结果显示，最大特征根为 6.471，根据 RI 表查到对应的 RI 值为 1.25，因此 $CR=CI/RI=0.075<0.1$，通过一次性检验。

　　（3）气象变化。生态环境影响共包括降雨、气温、干旱 3 个子指标，权重判断矩阵见表 5-12。得到判断矩阵后根据公式计算相应判断矩阵的特征向量、权重值以及 CI 值，计算结果见表 5-13。之后检验判断矩阵的一致性，结果见表 5-14。

表 5-12　　　　　　　　　　　　气象变化权重判断矩阵

气候变化子指标	降雨	气温	干旱
降雨	1	4	9
气温	1/4	1	5
干旱	1/9	1/5	1

表 5-13　　　　　　　　　　　　气象变化判断矩阵计算结果

气象变化子指标	特征向量	权重值/%	最大特征根	CI 值
降雨	3.302	70.852		
气温	1.077	23.115	3.071	0.036
干旱	0.281	6.033		

表 5-14　　　　　　　　　　　　一 致 性 检 验 结 果

最大特征根	CI 值	RI 值	CR 值	一致性检验结果
3.071	0.036	0.525	0.068	通过

　　计算结果显示，最大特征根为 3.071，根据 RI 表查到对应的 RI 值为 0.525，因此 $CR=CI/RI=0.068<0.1$，通过一次性检验。

5.2.2.3　指标层权重计算

　　指标层共有 5 个指标需要计算子指标的权重，分别是经济、水资源、生态环境状况、土地利用和蓄水保土，下边分别进行计算。

　　（1）经济。经济指标共包含 5 个子指标，分别是旅游业效益、工业效益、人均 GDP、农作物效益和畜牧业效益，权重判断矩阵见表 5-15。得到判断矩阵后根据公式计算相应判断矩阵的特征向量、权重值以及 CI 值，计算结果见表 5-16。之后检验判断矩阵的一致性，结果见表 5-17。

表 5-15　　　　　　　　　　　　经济指标权重判断矩阵

经济子指标	旅游业效益	工业效益	人均 GDP	农作物效益	畜牧业效益
旅游业效益	1	1/2	4	2	5
工业效益	2	1	5	4	6
人均 GDP	1/4	1/5	1	2	5
农作物效益	1/2	1/4	1/2	1	4
畜牧业效益	1/5	1/6	1/5	1/4	1

表 5-16　　　　　　　　　　　经济指标判断矩阵计算结果

经济子指标	特征向量	权重值/%	最大特征根	CI 值
旅游业效益	1.821	27.093		
工业效益	2.993	44.534		
人均 GDP	0.871	12.955	5.355	0.089
农作物效益	0.758	11.278		
畜牧业效益	0.278	4.14		

表 5-17　　　　　　　　　　　一 致 性 检 验 结 果

最大特征根	CI 值	RI 值	CR 值	一致性检验结果
5.355	0.089	1.11	0.08	通过

计算结果显示，最大特征根为 5.355，根据 RI 表查到对应的 RI 值为 1.11，因此 $CR=CI/RI=0.08<0.1$，通过一次性检验。

（2）水资源。水资源指标共包含 7 个子指标，分别是水资源量、河流形态、水域面积、湿地面积、区域蒸散发、年平均径流和水质综合状况，权重判断矩阵见表 5-18。得到判断矩阵后根据公式计算相应判断矩阵的特征向量、权重值以及 CI 值，计算结果见表 5-19。之后检验判断矩阵的一致性，结果见表 5-20。

表 5-18　　　　　　　　　　　水资源指标权重判断矩阵

水资源子指标	水资源量	河流形态	水域面积	湿地面积	区域蒸散发	年平均径流	水质综合状况
水资源量	1	3	5	7	8	9	9
河流形态	1/3	1	4	5	7	8	8
水域面积	1/5	1/4	1	3	5	7	7
湿地面积	1/7	1/5	1/3	1	4	5	6
区域蒸散发	1/8	1/7	1/5	1/4	1	3	4
年平均径流	1/9	1/8	1/7	1/5	1/3	1	82
水质综合状况	1/9	1/8	1/7	1/6	1/4	1/2	1

表 5-19　　　　　　　　　　　水资源指标判断矩阵计算结果

水资源子系统	特征向量	权重值/%	最大特征根	CI 值
水资源量	4.902	41.547		
河流形态	3.137	26.583		
水域面积	1.673	14.182		
湿地面积	1.019	8.638	7.788	0.131
区域蒸散发	0.523	4.433		
年平均径流	0.308	2.613		
水质综合状况	0.236	2.004		

表 5 - 20　　　　　　　　　　　　　一 致 性 检 验 结 果

最大特征根	CI 值	RI 值	CR 值	一致性检验结果
7.788	0.131	1.341	0.098	通过

计算结果显示，最大特征根为 7.788，根据 RI 表查到对应的 RI 值为 1.341，因此 $CR=CI/RI=0.098<0.1$，通过一次性检验。

（3）生态环境状况。生态环境状况共包含 5 个子指标，分别是生境质量指数、植被覆盖指数、环境质量指数、生态遥感指数、水域湿地面积比，权重判断矩阵见表 5 - 21。得到判断矩阵后根据公式计算相应判断矩阵的特征向量、权重值以及 CI 值，计算结果见表 5 - 22。之后检验判断矩阵的一致性，结果见表 5 - 23。

表 5 - 21　　　　　　　　　　　　生态环境权重判断矩阵

生态环境状况子指标	生境质量指数	植被覆盖指数	环境质量指数	生态遥感指数	水域湿地面积比
生境质量指数	1	2	5	7	8
植被覆盖指数	1/2	1	4	6	7
环境质量指数	1/5	1/4	1	4	5
生态遥感指数	1/7	1/6	1/6	1	4
水域湿地面积比	1/8	1/7	1/7	1/4	1

表 5 - 22　　　　　　　　　　生态环境判断矩阵计算结果

生态环境状况子指标	特征向量	权重值/%	最大特征根	CI 值
生态环境状况	3.545	46.101		
生境质量指数	2.426	31.545		
植被覆盖指数	1	13.004	5.403	0.101
环境质量指数	0.474	6.158		
生态遥感指数	0.246	3.193		

表 5 - 23　　　　　　　　　　　　　一 致 性 检 验 结 果

最大特征根	CI 值	RI 值	CR 值	一致性检验结果
5.403	0.101	1.11	0.091	通过

计算结果显示，最大特征根为 5.403，根据 RI 表查到对应的 RI 值为 1.11，因此 $CR=CI/RI=0.091<0.1$，通过一次性检验。

（4）土地利用。土地利用共包含 5 个子指标，分别是土地胁迫指数、未利用土地面积、林地覆盖率、草地覆盖率和建设用地，权重判断矩阵见表 5 - 24。得到判断矩阵后根据公式计算相应判断矩阵的特征向量、权重值以及 CI 值，计算结果见表 5 - 25。之后检验判断矩阵的一致性，结果见表 5 - 26。

表 5 - 24　　　　　　　　土地利用权重判断矩阵

土地利用子指标	土地胁迫指数	未利用土地面积	林地覆盖率	草地覆盖率	建设用地
土地胁迫指数	1	4	3	6	9
未利用土地面积	1/2	1	4	4	5
林地覆盖率	1/3	1/4	1	5	5
草地覆盖率	1/7	1/4	1/5	1	3
建设用地	1/9	1/5	1/5	1/3	1

表 5 - 25　　　　　　　土地利用判断矩阵计算结果

土地利用子指标	特征向量	权重值/%	最大特征根	CI 值
土地胁迫指数	3.178	44.276		
未利用土地面积	2.091	29.139		
林地覆盖率	1.158	16.137	5.384	0.096
草地覆盖率	0.478	6.663		
建设用地	0.272	3.786		

表 5 - 26　　　　　　　一 致 性 检 验 结 果

最大特征根	CI 值	RI 值	CR 值	一致性检验结果
5.384	0.096	1.11	0.086	通过

计算结果显示，最大特征根为 5.384，根据 RI 表查到对应的 RI 值为 1.11，因此 $CR = CI/RI = 0.086 < 0.1$，通过一次性检验。

（5）蓄水保土。蓄水保土共包含 3 个子指标，分别是保土效益、拦蓄洪水量和下泄生态水量，权重判断矩阵见表 5 - 27。得到判断矩阵后根据公式计算相应判断矩阵的特征向量、权重值以及 CI 值，计算结果见表 5 - 28。之后检验判断矩阵的一致性，结果见表 5 - 29。

表 5 - 27　　　　　　　蓄水保土权重判断矩阵

蓄水保土子指标	保土效益	拦蓄洪水量	下泄生态水量
保土效益	1	2	4
拦蓄洪水量	1/2	1	3
下泄生态水量	1/4	1/3	1

表 5 - 28　　　　　　蓄水保土判断矩阵计算结果

蓄水保土子指标	特征向量	权重值/%	最大特征根	CI 值
保土效益	2	55.842		
拦蓄洪水量	1.145	31.962	3.018	0.009
下泄生态水量	0.437	12.196		

表 5 - 29　　　　　　　一 致 性 检 验 结 果

最大特征根	CI 值	RI 值	CR 值	一致性检验结果
3.018	0.009	0.525	0.017	通过

计算结果显示，最大特征根为 3.018，根据 RI 表查到对应的 RI 值为 0.525，因此 $CR = CI/RI = 0.017 < 0.1$，通过一次性检验。

5.2.3　评价指标体系综合权重

将 7 位专家的判断矩阵处理后得到最终各评价指标的权重系数，水库工程各层级评价指标相对权重见表 5-30，淤地坝系工程各层级评价指标相对权重见表 5-31。

表 5-30　　　　　　　　　水库工程各层级评价指标相对权重

方案层 A	因素层 B 相对所属方案层权重	指标层 C 相对所属因素层权重	指标层对方案层权重	层次总排序
社会经济影响（A1）0.1233	人口（B1）0.4390	定居户数（C1）	0.0541	8
	经济（B2）0.5610	旅游业效益（C21）0.1035	0.0072	25
		工业效益（C22）0.3814	0.0264	17
		人均 GDP（C23）0.2971	0.0206	21
		农作物效益（C24）0.0070	0.0005	26
		畜牧业效益（C25）0.0050	0.0003	27
生态环境影响（A2）0.7469	水资源（B3）0.2890	水资源量（C31）0.2778	0.0600	5
		河流形态（C32）0.075	0.0162	24
		水域面积（C33）0.1807	0.0390	13
		湿地面积（C34）0.1452	0.0313	16
		区域蒸散发（C35）0.0827	0.0179	23
		年平均径流（C36）0.191	0.0412	9
		水质综合状况（C37）0.1170	0.0253	19
	生态环境状况（B4）0.3293	生物丰度指数（C41）0.1385	0.0341	15
		植被覆盖指数（C42）0.3202	0.0788	1
		环境质量指数（C43）0.3036	0.0747	2
		生态遥感指数（C44）0.2376	0.0584	6
	土地利用（B5）0.2060	土地胁迫指数（C51）0.4467	0.0687	3
		未利用土地面积（C52）0.1252	0.0193	22
		草地覆盖率（C53）0.2592	0.0399	12
		建设用地（C54）0.1709	0.0263	18
	蓄水功能（B6）0.1021	拦蓄水量（C61）0.5234	0.0399	11
		下泄水量（C62）0.4966	0.0379	14
	碳汇功能（B7）0.0736	净初级生产力 NPP（C71）	0.0550	7
气象变化（A3）0.1298	降雨（B8）0.5028	年降雨量（C81）	0.0653	4
	气温（B9）0.1772	年平均气温（C91）	0.0230	20
	干旱（B10）0.3171	干旱指数（C101）	0.0412	10

表 5 - 31　　　　　　　　　　　　淤地坝系评价指标权重表

方案层	因素层	指标层	最终权重	总体排名
社会经济影响（A1） 0.1233	人口（B1）0.3478	定居户数（C1）	0.0541	9
	经济（B2）0.4441	工业效益（C22）0.4254	0.0294	14
		人均 GDP（C23）0.3314	0.0229	16
		农作物效益（C24）0.1241	0.0086	18
		畜牧业效益（C25）0.1011	0.0070	19
生态环境影响（A2） 0.7469	生态环境状况（B3） 0.3892	生境质量指数（C31）0.1385	0.0403	12
		植被覆盖指数（C32）0.3202	0.0931	2
		环境质量指数（C33）0.3036	0.0883	4
		生态遥感指数（C34）0.2376	0.0691	6
	土地利用（B4） 0.2435	土地胁迫指数（C41）0.4467	0.0812	5
		未利用土地面积（C42）0.1252	0.0228	17
		草地覆盖面积（C43）0.2592	0.0471	10
		建设用地（C44）0.1709	0.0311	13
	保土功能（B5）0.1206	保土效益（C51）	0.0901	3
	碳汇功能（B6）0.08694	净初级生产力 NPP（C61）	0.0649	8
	拦沙减沙功能（B7）0.1598	泥沙淤积量（C71）	0.1193	1
气象变化（A3） 0.1298	降雨（B8）0.5028	年降雨量（C181）	0.0653	7
	气温（B9）0.1772	年平均气温（C91）	0.0230	15
	干旱（B10）0.3171	干旱指数（C101）	0.0412	11

5.3　评　价　系　统

5.3.1　系统研发

为更好地推广本书的研究成果，助力内蒙古自治区生态水利工程建设，根据以上研究成果研发了"内蒙古蓄水工程生态评价系统"，包含水库工程生态评价和水土保持生态治理工程生态评价两部分内容。该系统汇聚了多个领域的专业知识，涵盖了水资源学、地理信息科学、遥感技术、生态学等众多学科。通过综合运用先进的遥感技术、空间数据分析和模型模拟手段，该系统能够精准捕捉并评估蓄水工程对地方生态系统的多方位影响，包括但不限于水文水资源、土地利用、生态环境变化等。

随着实施过程中积累的大量数据，该系统可通过智能化算法进行实时分析，提供可视化、时空动态的监测结果。这样的精细监测不仅能够及时感知潜在问题，更为决策者提供了科学依据，使其能够在蓄水工程建设和运行的不同阶段灵活调整策略，从而最大程度地保护生态环境，实现内蒙古地区蓄水工程的可持续发展目标。

5.3.1.1 系统框架

系统总体功能框架如图 5-1 所示。

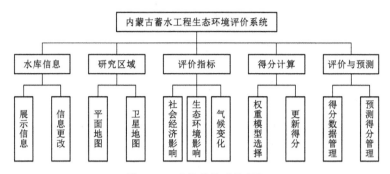

图 5-1 系统总体功能框架

5.3.1.2 运行环境

（1）硬件环境如下：

1）处理器：Intel Core i5 或 AMD Ryzen 5 以上；

2）内存：8GB RAM 或以上；

3）硬盘：固态硬盘（SSD）推荐，至少 30GB 可用空间。

（2）软件环境如下：

1）操作系统：Windows7 版本以上；

2）浏览器：IE6.0 以上版本。

（3）网络环境如下：

1）稳定的宽带互联网连接，推荐至少 10Mbit/s 以上的带宽；

2）允许与系统服务器的安全通信，推荐不使用代理服务器。

5.3.2 系统数据

评价系统具备全面的功能，能够提供内蒙古自治区水库的地图信息，并结合一系列关键指标进行深入分析。这些指标涵盖了定居人口、旅游效益、工业效益、人均 GDP、农作物效益、畜牧收益、社会满意度、水资源量、河流形态、水域面积、湿地面积、区域蒸散发、年平均径流、水质综合状况、生境质量指数、植被覆盖指数、环境质量指数、生态遥感指数、土地胁迫指数、未利用土地面积、草地覆盖率、建设用地、拦蓄水量、下泄水量、NPP、降雨、气温、干旱等多项要素。

通过对这些多维度指标的综合分析，系统能够实现对内蒙古地区蓄水工程的生态环境效应进行监测与评价。该全面而专业的监测体系不仅有助于深入了解蓄水工程对当地生态环境的影响，同时为相关决策和管理提供了科学依据。通过系统的定量评估和动态监测，能够推动内蒙古地区蓄水工程的可持续发展，确保其在经济、社会和环境方面取得平衡，实现生态与发展的双赢局面。

5.3.2.1 登录

平台用户采用严格的实名登记方式，以确保用户身份的真实性和透明性。在进行用户注册申请时，用户需填写详细的申请表，包括但不限于个人姓名、手机号码、所属单位名称以及用户在平台中担任的具体角色等关键信息。详细字段介绍见表 5-32。

表 5-32　　　　　　　　　　　　用 户 注 册 字 段 说 明

字段名	数据类型	描　述
用户 ID	整数	用户的唯一标识
人员姓名	字符串	用户的姓名
密码	字符串	用户登录的密码
手机号	字符串	用户的联系电话
单位名称	字符串	用户所属单位名称
用户角色	字符串	用于判定用户在系统中的角色，及对系统的使用权限

这些注册信息将经过严格的验证流程，以确保用户信息的真实性和准确性。实名登记的方式有助于建立信任机制，提高平台使用的可信度，并为系统的安全性和数据隐私提供有效的保障。同时，这也有助于平台管理员与用户进行更加高效和准确的沟通，确保系统的正常运行和用户体验的优化。

在登录之前用户需确保当前环境能够满足 1.4 节中描述的最低要求，随后打开浏览器访问内蒙古蓄水工程生态环境评价系统（http：//114.55.134.38/）即可访问登录页面，见图 5-2。

图 5-2　系统登录页面

若当前没有账户，则可点击右侧"注册"按钮进行注册，注册界面见图 5-3。

若当前拥有账户，则输入账号密码后点击"登录"按钮即可进入内蒙古蓄水工程生态环境评价系统，界面见图 5-4。

5.3.2.2　权限

在该系统中，不同角色的用户拥有各自独特的权限和责任。主管部门负责处理用户注册申请。在用户注册的过程中，管理单位负责对用户注册信息进行核查，确认其是否符合系统要求。根据用户注册申请信息，管理单位将开通用户的登录账户、分配平台访问权限，并申请开通相应的安全访问权限。随后，平台承建单位将用户的登录账户信息发送给申请单位的联系人，以便用户能够顺利登录系统并获取相应权限。

图 5-3 用户注册页面

图 5-4 登录成功页面

这一流程的设计有助于确保用户信息的准确性和合规性,同时通过主管部门的统一审核,确保对用户权限的安全分配。管理部门在这一过程中扮演着重要的角色,负责协调各级用户信息的核查和权限的分配,以维护系统的安全性和顺畅运行。这也有助于提高整个系统的管理效率,确保用户在使用平台时能够得到合适的支持和服务。

5.3.2.3 项目管理

点击绿色方框内"+"号,可以新建水库信息,点击红色方框"编辑"按钮,可以对水库信息进行编辑,如图 5-5 和图 5-6 所示。

注意事项如下:

(1)水库名称与水库前缀是必填项,且水库前缀为字母,否则会在某些程度影响后续使用。

(2)中心经度与中心维度用于定位地图展示中心位置,方便查看。

(3)研究区域一定要上传以经纬度为坐标系的.shp 文件,否则在地图上显示不出来。

5.3.2.4 地图查看

用户成功登录后,系统将准确在地图上显示研究区域范围,使得用户能够直观了解该

图 5-5　水库信息界面

图 5-6　创建水库界面

水库的具体地理信息。不仅为用户提供了准确的定位，同时通过地图视图展示，用户能够轻松获取有关该水库周边环境、地形地貌等地理信息，从而更全面地了解水库的地理背景。

地图功能在系统中划分为三个主要区域，为用户提供更灵活、全面的地理信息浏览体验。

（1）位置切换（红色区域）。用户可以通过点击"乌拉盖""德日苏宝冷""西柳沟"等文字，快速切换到不同区域。这一功能使用户能够直观了解各个研究区域的具体地理信息，提供便捷的位置导航，帮助用户在系统中迅速切换并观察不同水库的地理特征。

（2）视图切换（蓝色区域）。位于蓝色区域的按钮"地图"和"卫星"允许用户切换不同的地图视图，见图 5-7。通过这一功能，用户可以从不同角度观察地理信息，灵活选择地图或卫星视图，以满足其对地理数据的不同需求。

图 5-7　地图功能划分

　　这两个区域的设计旨在为用户提供灵活、多样的地理信息查看方式，满足用户对地理位置、地图视图和地理空间的不同需求，使用户能够更全面地了解乌拉盖水库及其他水库的地理环境。

　　点击"地图"按钮则会切换到平面地图，如图5-8所示。

图5-8　平面地图

　　点击"卫星"按钮则会切换到卫星地图，如图5-9所示。

图5-9　卫星地图

　　滑动鼠标滚轮，用于放大和缩小地图。向上滑动放大地图，向下滑动缩小地图，也可以点击"＋""－"按钮对地图进行缩放。缩放地图如图5-10和图5-11所示。

5.3.2.5　指标数据查询

　　数据筛选界面被划分为四个主要功能区域（见图5-12），每个区域在用户交互和数据操作中起着特定的作用。

　　（1）指标切换（红色区域）。为用户提供了在同一水库的前提下切换不同指标来查看数据的功能。在这一区域通过可视化方式展示了多个评价指标，使用户能够迅速了解水库的多维度数据，便于对生态环境效应进行全面分析。

　　（2）水库选择（蓝色区域）。为用户提供了在同一指标下查看不同水库数据的功能。在这一区域用户能够灵活选择不同的水库，以便在同一评价指标下查看各水库的相关数

图 5-10　放大地图

图 5-11　缩小地图

图 5-12　数据筛选功能区域介绍

据。这一交互式设计使得用户可以深入挖掘水库生态环境效应的差异，从而更全面、详细地了解各水库的特征和表现。

（3）数据导航（绿色区域）。用于显示当前用户所在的页面信息。在这一区域提供了用户定位和导航的功能，确保用户清晰了解其当前操作的上下文，有助于提高用户界面的可用性和易用性。

（4）数据操作（黄色区域）。为用户提供了对当前数据进行增加、删除、修改和查询操作的按钮。在这一功能区域，用户可以方便地进行数据管理，实现对水库信息的灵活编辑和查询，提高系统的交互性和操作效率。

（5）数据导出（紫色区域）。用于执行将当前数据保存为 Excel 文件的操作。在这一区域为用户提供了数据导出的功能，使用户能够将当前展示的数据以 Excel 文件的形式保存到本地，方便后续分析和分享。

（6）数据导入。当数据量比较大时，用户可以通过点击"从 Excel 导入数据"按钮来进行导入数据，如图 5-13 所示。点击该按钮后，会弹出一个页面以

图 5-13　导入数据-文件上传

供选择需要上传的 Excel 文档，如图 5-14 所示。当选择好想要上传的 Excel 文件后，便可以在该页面上对需要上传的数据进行一个简要的预览，如图 5-15 所示。

图 5-14　导入数据-文件选择

图 5-15　导入数据-数据预览

以评价指标中的经济指标为例，用户通过点击左侧导航栏"评价指标"中的"经济"，即可展示乌拉盖水库详细的经济指标，如图 5-16 所示。

用户通过点击"添加"按钮，可以为当前水库的某一评价指标来添加数据（这里以经济指标为例，其余指标同理），其中标"＊"的数据为必填数据，如图 5-17 所示。

当填写数据确认无误后，点击"添加"按钮即可完成数据的添加。当数据添加成功后，界面右上角会提示"Create Successfully"字样，如图 5-18 所示。

当用户想要对某一数据进行修改时，点击该行数据"操作"一栏中的"编辑"按钮即可进入数据编辑界面，如图 5-19 所示。

当数据修改并确认无误后，点击"保存"按钮即可完成数据的修改。当数据修改成功后，界面右上角会提示"Update Successfully"字样，并能看到数据已如实更新，如

图 5－16　经济指标详细

图 5－17　添加数据页面

图 5－18　添加数据成功

图 5－20 所示。

　　当用户想要删除某一行数据时，点击该行数据"操作"一栏中的"删除"按钮即可删除该条数据。删除成功后界面右上角会提示"Success 数据更新成功"字样，如图 5－21 所示。

图 5-19　数据编辑界面

图 5-20　数据修改成功

图 5-21　数据删除成功

当用户在查看数据时，可以按"年份升序"和"年份降序"两种方式来查看数据，默认按年份升序方式查看，如图 5-22 所示。

当用户需要查询某一水库的某一年份数据时，可直接在年份框中输入想要查询的年

图 5-22　按年份降序查看数据

份，然后点击"查找"按钮即可，如图 5-23 所示。

图 5-23　按年份查找数据

5.3.2.6　数据分析

在此部分，系统提供了以下核心功能以满足用户对水库评价得分数据和预测得分数据的展示和图表操作的需求：

（1）水库切换（蓝色部分）。为用户提供了多个水库数据展示的切换功能。通过点击不同按钮，如"乌拉盖数据""德日苏宝冷数据""西柳沟淤地坝系"，用户能够快速切换不同水库的评价得分数据和预测得分数据。用户能够高效地获取所需数据，实现对水库生态环境效应的全面了解。为系统的用户提供了极大的方便和操作便捷性，有助于更准确地评估水库系统的整体性能，如图 5-24 所示。

（2）数据展示切换（黄色部分）。为用户提供了多种数据展示形式，7 个图标分别代表：查看数据视图，以表格形式显示具体的数据；重置，重置图表，使其返回默认状态；区域缩放，点击后可以拖动鼠标选中一段数据来放大查看；区域缩放还原，点击后可将放大的数据段逐步还原为初始大小；保存为图片，将当前图表保存为图片，方便用户在本地存档或分享；查看柱状图，采用柱状图展示数据的趋势和波动；查看折线图，使用折线图形式呈现数据的对比和分布。数据展示切换如图 5-25 所示。

图 5-24　数据分析——水库切换栏

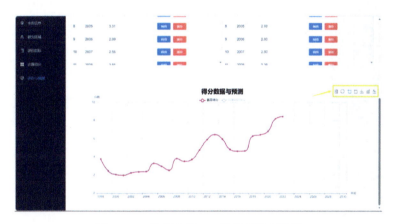

图 5-25　数据分析——数据展示切换栏

在展示数据部分，默认会以一个平面图来展示，其中横坐标是对应水库的年份，纵坐标则是当前年份的得分值。对于真实得分与预测相对得分分别采用了两条曲线来表示，其中红色曲线代表真实得分，蓝色曲线代表预测相对得分。可通过点击"真实得分"和"预测相对得分"来进行数据的切换。将鼠标放在对应的节点处时会显示出当前的年份与得分值，如图 5-26 和图 5-27 所示。

用户点击"数据视图"图标，将以文字列表的形式查看到对应年份的评价得分数据和预测得分数据，如图 5-28 所示。

用户点击"区域缩放"图标后，可以使用鼠标选中图表中某一阶段的数据来进行放大，并且缩放后柱状图以及折线图也都会以缩放阶段的数据来展示，这里以缩放 2011—2015 年数据为例，如图 5-29 所示。

用户点击"柱状图"图标，将以柱状图显示对应年份的评价得分数据和预测相对得分数据，可通过点击上方"真实得分"和"预测相对得分"来进行数据的切换，如图 5-30 所示。

用户点击"折线图"图标，将以折线图显示对应年份的评价得分数据和预测相对得分

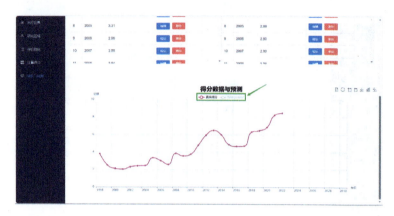

图 5-26　得分切换

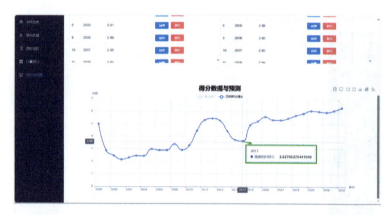

图 5-27　得分的展示

图 5-28　数据视图

数据，可通过点击上方"真实得分"和"预测相对得分"来进行数据的切换，如图 5-31 所示。

若用户点击"下载"图标，可以将数据以当前选中的图形格式下载到本地以方便查看，如图 5-32 和图 5-33 所示。

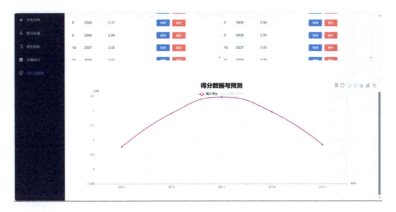

图 5-29　区域缩放

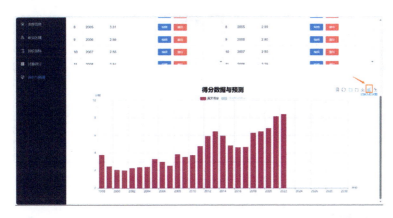

图 5-30　柱状图展示

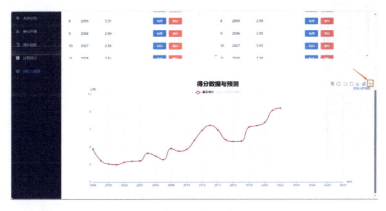

图 5-31　折线图展示

5.3.2.7　数据导出与保存

当用户想要导出某一水库的某一个评价指标时，只需要选中该指标，然后点击"导出为 Excel"按钮，即将该水库的该指标数据以 Excel 形式导出（以乌拉盖水库的经济指标为例），如图 5-34 所示。

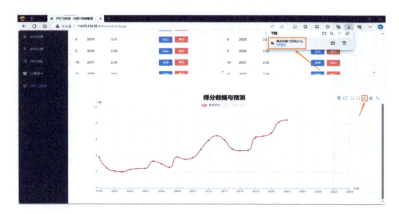

图 5-32　将数据保存为图片

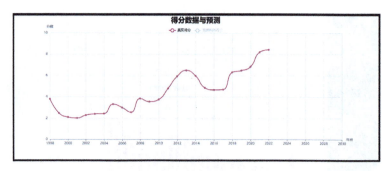

图 5-33　查看保存的图片

图 5-34　数据导出

所导出的数据与系统中展示的数据一致，如果需要全部导出，如图 5-35 所示。

5.3.3　评价

5.3.3.1　指标评价

这一部分被细分为四个核心区域（见图 5-36），每个区域都具有特定的功能，为用户提供了丰富的数据输入、权重模型选择以及计算结果展示。

图 5-35　导出数据展示

图 5-36　计算得分界面

（1）数据来源选择（红色部分）。该区域为用户提供了选择不同水库和年份数据的功能。用户可以通过红色区域进行交互，选择特定水库和年份的数据，以输入到计算模型中，从而获得对应年份的生态环境得分结果。

（2）权重模型选择（蓝色部分）。位于系统界面的蓝色边框内，这一部分系统提供了两种权重模型选择，分别为水库工程权重和生态治理权重。用户可根据具体需求主动选择不同的权重模型，用于计算得分，从而更灵活地适应不同背景下的生态环境评估。

（3）得分展示（绿色部分）。位于系统界面的绿色边框内，这一区域用于清晰展示当前选择水库和年份的模型计算得分结果。用户通过该区域能够直观地了解所选水库在特定年份的生态环境综合得分，为决策提供直观依据。

（4）计算详情（黄色部分）。该区域展示了每个指标的详细信息，包括原始属性值、归一化后的值、权重值以及每个属性的计算得分。这一区域提供了深入了解得分计算过程的机会，使用户能够审查每个指标对最终得分的贡献，提高评估的透明度和可解释性。

这样的细分设计旨在使用户能够方便地定制评估需求，全面了解生态环境得分的计算过程和结果，为科学决策提供准确、可靠的支持。

用户使用"水库工程权重"时的计算得分情况如图 5-37 所示。

用户使用"生态治理权重"时的计算得分情况如图 5-38 所示。

5.3.3.2　评价模型及权重

在模型权重中，提供了"水库工程权重"和"生态治理权重"两种模型权重供选择。

图 5-37　水库工程权重

图 5-38　生态治理权重

这里以水库工程模型权重为例（见图 5-39），对权重模型中相关字段的具体意义解释如下。

图 5-39　模型权重意义解释

水库工程模型权重是指在生态环境效应评估中，为不同水库工程相关指标分配的权重系数。

（1）属性值（红色部分）。属性值是指在生态环境评估中，针对每个具体评价指标而获得的原始数据或观测值。这些值可以是水库工程的具体参数（如容量、下泄水量），属性值是评估模型中的基础数据，用于量化各项指标的具体情况。

（2）归一化属性值（绿色部分）。归一化属性值是指对属性值进行标准化处理后得到的数值，通常在0~1。这个处理过程旨在消除不同属性值之间的量纲和数量级差异，使得它们具有可比性。归一化后的属性值有助于评估模型更为准确地比较和分析不同指标对生态环境的影响，提高了模型的可靠性和可解释性。

（3）权重值（蓝色部分）。权重值是为了反映各个评价指标在整体评估中的相对重要性而分配的系数。这些系数用于调整每个指标的贡献度，以确保在计算综合得分时，各指标对结果产生平衡的影响。权重值的确定可以基于专家意见、数据分析或者利用数学模型等方法，以确保评估过程更加客观和科学。

（4）计算得分（紫色部分）。计算得分是指在生态环境评估模型中，通过对归一化属性值乘以相应权重值并进行加权求和而得到的每个指标的得分。这一过程旨在综合考虑各项指标对生态环境的贡献，产生一个相对综合的评估结果。计算得分是对各项指标在整体评估中的相对重要性进行定量表达的结果。

（5）总得分（橙色部分）。总得分是评估模型最终输出的综合结果，它反映了所有评价指标在归一化属性值和权重值的影响下对生态环境效应的整体贡献。总得分为用户提供了对水库或生态系统综合状况的量化评估，有助于科学决策和管理实践。

（6）评价结果查看。当用户将某一水库的某一年份的数据经某一权重模型计算后得到评价得分，可点击"将总得分更新至数据库"将当前计算的得分更新到后台数据库中，如图5-40所示。

图5-40　得分更新

注：系统上显示的数值是保留两位小数后的数值，存入数据库的是真实数值。

点击"确定"按钮后即可将数据更新至数据库，页面上会提示"更新成功"字样。此后用户便可以在左侧导航栏中的"评价与预测"中，选择好水库就可以查看到更新的得分结果，如图5-41所示。

图 5-41　查看更新得分

5.4　评　价　因　子

评价指标确定以后，直接用它们去进行评价是困难的。因为各指标因子的量纲不统一，所以没有可比性。为此，必须对参评因子进行量化处理，用标准化方法来解决参数间不可比性的难题。量化处理的方法多种多样，比较简明实用的做法是将其量化分级，从低到高分若干级，以反映环境状况从劣到优的变化。只有这样才能最终进行比较。

5.4.1　定量指标计算数据收集及处理方法

定量指标计算的数据来源须向水利工程管理建设部门、环保部门、地区社会经济统计部门等各个直接与相关部门进行调查收集。在数据收集过程中应注意以下几个问题：

（1）关于指标替换问题。指标体系中给出的定量指标其数据基本上可从当地统计部门的统计资料中收集。考虑不同地区的统计资料中所列指标不完全相同，有时资料的详细程度也不一样，可能出现收集到的资料与指标体系中的指标不尽相同，可采用相近指标代替或合理地调整某些指标。

（2）关于指标增减问题。由于各蓄水工程的规模不同，所在区域的社会经济环境、自然环境也不同，所以可以根据具体情况适当增减评价指标在少指标时要注意减少指标的数量要适当主要指标不能减。

（3）关于指标数据资料的时间性问题。在收集数据时要根据分析评价的内容、要求注意所收集资料的数据的时间的同一性。调查数据收集完整后按照下面的方法进行标准化处理：由于不同的指标数值不同，为了避免数值大小对生态环境结果的影响，需要对以上指标进行无量纲化处理，本书采用标准分数法对二级指标数据进行标准化处理，能有效避免因指标数据离散度较大而可能产生的误差。主要处理方法是：计算每项指标原始数据的平均数 $\bar{x}$ 和标准差 σ；将所有二级指标数据转化成为相应的等级分数，即指标数据无量纲标准化处理。在以上计算分析的基础上，分别赋予各县域各指标分不等的等级分，构建成完全符合正态分布的连续型数据结构。特别要注意对正指标与逆指标的处理不同：正指标将大于标准分数 2 临界值的数据，赋予 10 分；将标准分数 1 与 2 临界值之间的数据，赋予 8 分；将标准分数与 1 临界值之间的数据，赋予 6 分；将标准分数 −1 与 0 临界值之间的数据，赋予 4 分；将标准分数 −1 与 −2 临界值之间的数据，赋予 2 分；将小于标准分数 −2 临界值的数据，赋予 0 分，见表 5 − 33。逆指标将与其相反。

表 5 − 33   **生态效应评价标准分级**

评价等级	评价标准得分表	评价等级	评价标准得分表
$\bar{x}+2\sigma<x$	10	$\bar{x}-\sigma<x<\bar{x}$	4
$\bar{x}+\sigma<x<\bar{x}+2\sigma$	8	$\bar{x}-2\sigma<x<\bar{x}-\sigma$	2
$\bar{x}<x<\bar{x}+\sigma$	6	$\bar{x}-2\sigma>x$	0

5.4.2 定性指标的分析与估计

由于生态环境影响范围广、时间长，大多影响因子的数据难于收集或难于直接定量计算，有的甚至不可能，所以使得指标大多限于定性的描述和总结。为了提供一个直观而深刻的评价结果，就需要进行相应的定量计算，因此在实际工作中应寻求尽量可行的定量计算方法。在尚无有效的直接计算方法时，可采用专家咨询、打分的方法来解决。

5.4.3 乌拉盖水库研究区评价因子

（1）社会经济因子。乌拉盖水库研究区社会经济因子数据见表 2 − 6。

（2）水资源因子。乌拉盖水库研究区水资源因子数据见表 5 − 34。

表 5 − 34   **乌拉盖水库研究区水资源因子数据表**

年份	水资源量 /万 m^3	河流长度 /km	水域面积 /km^2	湿地面积 /km^2	区域蒸散发	水网密度	水质综合状况
1998	274.36	261.02	34.25	0.18	−0.45	7.61	24.52
1999	324.7	200.32	20.14	0.2	−0.46	4.12	24.53
2000	373.51	122.17	3.53	0.23	−0.42	3.43	24.5
2001	427.6	120.21	3.26	0.26	−0.45	3.21	24.33
2002	450.18	118.1	2.95	0.28	−0.4	3.31	23.95
2003	436.35	11902	4.63	0.26	−0.46	3.32	24.35
2004	482.84	120.93	6.47	0.29	−0.42	3.42	24.16
2005	527.8	110.32	10.38	0.35	−0.44	3.2	24.62
2006	2243.5	105.13	16.13	1.34	−0.4	3.09	24.62
2007	2064	105.16	14.23	1.23	−0.35	3.02	24.66
2008	965.6	104.91	13.24	0.58	−0.44	3.05	24.51
2009	1136	107.25	18.63	0.66	−0.4	3.12	23.68
2010	1880.3	110.27	21.5	1.08	−0.37	3.29	24.34
2011	3181.9	130.36	20.5	1.62	−0.41	3.56	24.74
2012	9563.6	149.8	20.38	4.86	−0.44	4.37	24.78
2013	9017.5	146.6	2529	4.77	−0.5	4.35	24.45

年份	水资源量 /万 m³	河流长度 /km	水域面积 /km²	湿地面积 /km²	区域蒸散发	水网密度	水质综合 状况
2014	10108.5	144.01	29.72	5.12	−0.48	4.31	24.3
2015	1207.2	140.25	18.63	0.56	−0.46	4.1	24.42
2016	5225.32	134.9	7.75	8.53	−0.35	3.82	24.48
2017	1100.4	132.4	15.26	11.18	−0.41	3.86	24
2018	2351.88	128.2	21.92	13.81	−0.44	3.79	23.83
2019	3757.55	134.9	25.29	15.54	−0.43	3.91	24.42
2020	5269.02	141.9	27.26	37.28	−0.48	4.23	24.54
2022	8501	144.53	28.74	37.28	−0.45	200.32	25.36

（3）生态环境因子。乌拉盖水库研究区生态环境因子数据见表 5-35。

表 5-35　　　　　　　乌拉盖水库研究区生态环境因子数据表

年份	生境质量指数	植被覆盖指数	环境质量指数	生态遥感指数	土地胁迫指数
1998	60.65	49.05	65.32	85.91	8.74
1999	56	49.8	63.21	83	5
2000	52.26	49.78	61.13	82.7	3.63
2001	50	50	58.63	82	4
2002	48.32	50.42	56.39	81.03	5.43
2003	50	49	59.36	82	5
2004	52.56	47.95	53.65	82.15	4.87
2005	53	48	58.32	82	4
2006	54.9	49.03	53.21	83.75	3.43
2007	52	51	58.5	82	6
2008	51.09	53.19	52.1	82.74	7.31
2009	51	51	50.63	82	6.03
2010	51.39	49.22	51.32	82.26	5.23
2011	49	52	49.36	81	13
2012	47.6	55.13	50.89	80.08	20.04
2013	46	53	48.33	80.5	15
2014	46.58	54.66	50.5	81.67	8.17
2015	50	52	56.75	82	8.5
2016	53.39	51.43	48.25	82.89	8.69
2017	52	56	48.25	83	9
2018	52.3	58.08	45.33	84.3	10.36
2019	52	57	54	84.5	10
2020	52.94	57.71	46.33	84.7	9.72
2022	52.11	73.12	46.56	88.31	12.28

（4）土地利用因子。乌拉盖水库研究区土地利用因子见表4-12。

（5）其他评价因子。乌拉盖水库研究区其他评价因子数据见表5-36。

表 5-36　　　　　　　　　乌拉盖水库研究区其他评价因子数据表

年份	拦蓄水量 /万 m³	下泄水量 /万 m³	NPP	降雨 /mm	气温	干旱
1998	0	3468.9	2635.2	582.99	2.03	1.66
1999	0	1738.4	2931.2	226.84	1.24	−1.94
2000	0	1999.7	2778.3	264.84	0.44	−1.32
2001	0	2289.3	2863.3	273.24	0.44	−1.04
2002	0	2410.2	2903.25	307.53	1.51	−0.75
2003	0	2336.1	2920.81	305.17	1.26	−0.54
2004	0	2585	2694.91	316.48	1.53	−1.04
2005	0	2825.8	3542.85	378.21	0.51	0.07
2006	1886.9	0	3084.1	265.25	1.59	−1.16
2007	705.8	0	2124	236.13	3.11	−0.98
2008	1121.1	0	3121.3	377.75	2.23	−0.32
2009	2471.4	0	3157.2	296.49	1.3	0.07
2010	3667	0	3118.6	293.83	0.67	−0.59
2011	8566.6	0	3255.5	426.64	1.31	1.09
2012	7196	0	3421.6	496.27	0.56	1.19
2013	17966	15677	3726.8	424.53	1.23	1.59
2014	8527	15522.24	3712.26	357.5	2.57	0.47
2015	10051	4795.95	3625.87	391.41	2.28	0.85
2016	4159	7991.28	3158.87	323.41	1.54	−0.73
2017	2941	1460.25	3215.89	214.18	1.98	−1.45
2018	4678	2323	3560.37	557.83	2.09	0.76
2019	5395	3128.11	3548.37	389.3	2.91	1.27
2020	11306	4208.12	3414.28	475.78	2.21	1.8
2022	18936.96	15236.36	3921.97	402.3	3.01	1.23

5.4.4　德日苏宝冷水库研究区评价因子

（1）社会经济因子。德日苏宝冷水库研究区社会经济因子数据见表2-7。

（2）水资源因子。德日苏宝冷水库研究区水资源因子数据见表5-37。

表5-37 德日苏宝冷水库研究区水资源因子数据表

年份	水资源量 /万 m³	河流长度 /km	水域面积 /km²	湿地面积 /km²	区域蒸散发	水网密度	水质综合 状况
2000	19354	243.24	0.44	0	−0.62	7.47	23.66
2001	15368	182.1	0.4	0	−0.7	6.05	23.73
2002	16548	163.09	0.37	0	−0.72	5.01	24.09
2003	13568	160.1	0.25	0	−0.79	4.9	24.17
2004	15982	157.41	0.15	0	−0.77	4.83	23.93
2005	10236	153	0.17	0	−0.65	4.92	24.19
2006	9658	160.65	0.2	0	−0.6	4.93	24
2007	16000	150	0.18	0	−0.54	4.56	23.83
2008	16299	139.35	0.12	0	−0.69	4.28	23.98
2009	35735	134	4	0	−0.44	4.12	24
2010	56199	127.91	7.01	0.39	−0.57	4.01	24.26
2011	69508	130	7.2	0.69	−0.67	4.1	24.53
2012	66010	136.72	7.57	0.85	−0.77	4.28	24.53
2013	64272	130	10	0.92	−0.8	4.15	25.02
2014	72536	127.51	12	1.02	−0.74	4.05	24.94
2015	72812	125	11	1.08	−0.67	4.03	24.77
2016	55738	123.81	12.94	1.17	−0.65	3.95	24.42
2017	41786	124	12.5	1.42	−0.69	3.98	24.47
2018	58096	125.86	12.28	2.9	−0.68	4.01	24.75
2019	73951	125	11.8	2.51	−0.7	4.01	24.72
2020	73025	126.44	11.43	4.51	−0.71	4.01	24.42
2022	78963	125.8	12.94	7.26	−0.75	192.02	24.96

（3）生态环境因子。德日苏宝冷水库研究区生态环境因子数据见表5-38。

表5-38 德日苏宝冷水库研究区生态环境因子数据表

年份	生境质量指数	植被覆盖指数	环境质量指数	生态遥感指数	土地胁迫指数
2000	36.59	32.06	87.88	66.33	31.44
2001	44.36	36.26	86.97	70.36	23.65
2002	52.04	39.99	95.7	76.95	15.58
2003	53.35	40.68	83.13	76.35	23.89
2004	55.81	41.2	73.58	76.56	28.74
2005	60.45	40.21	69.95	78.56	22.63
2006	64.79	39.81	72.21	81.51	17.69

续表

年份	生境质量指数	植被覆盖指数	环境质量指数	生态遥感指数	土地胁迫指数
2007	71.26	41.03	83.91	83.66	18.69
2008	78.24	41.5	69.2	86.69	20.55
2009	59.62	36.48	67.1	80.75	23.64
2010	57.34	32.97	92.07	75.19	27.06
2011	59.36	36.26	73.5	77.39	25.34
2012	62.44	41.74	70.67	80.34	23.05
2013	55.36	40.25	68.75	76.69	23.13
2014	49.35	39.3	55.17	74.69	22.58
2015	49.68	39.56	59.5	74.28	24.32
2016	48.89	39.03	59.25	73.94	25.65
2017	49.37	38.15	56.98	75.91	23.58
2018	54.3	37.07	55.89	76.25	21.03
2019	55.69	40.26	54.96	77.59	26.96
2020	56.4	46	53.95	78.25	28.9
2022	41.03	52.67	50.21	76.86	12.58

（4）土地利用因子。德日苏宝冷水库研究区土地利用因子见表 4－29。

（5）其他评价因子。德日苏宝冷水库研究区其他评价因子数据见表 5－39。

表 5－39 　　　　　**德日苏宝冷水库研究区其他评价因子数据表**

年份	拦蓄水量 /万 m³	下泄水量 /万 m³	NPP	降雨/mm	气温/℃	干旱
2000	0	9615.7	2071.97	343.12	5.84	−2.76
2001	0	9615.7	2255.29	290.43	6.43	−1.79
2002	0	9615.7	2359.36	385.93	6.32	−7.71
2003	0	9615.7	1983.66	516.46	6.43	−0.28
2004	0	9615.7	1766.57	357.11	5.73	0.53
2005	0	9615.7	2322.45	240.25	6.04	7.32
2006	0	9615.7	1966.12	228.54	7.34	−5.24
2007	0	9615.7	1707.33	343.45	6.7	1.5
2008	4091	72	2200.66	354.08	6.2	3.94
2009	28511	25885	2608.13	314.96	5.5	−1.69
2010	12566.4	7520	2327.3	439.84	6.01	−1.66
2011	13334	10475	2299.21	429.94	4.72	−8.94
2012	8068	6138	2418.53	300.15	5.91	2.11

年份	拦蓄水量 /万 m³	下泄水量 /万 m³	NPP	降雨/mm	气温/℃	干旱
2013	9011	6830.1	2150.25	354.98	6.65	−2.27
2014	7293	5096.7	2448.86	370.17	6.49	−3.19
2015	11960	10094.6	2128.44	364.26	6.38	1.48
2016	4070	4168	2554.47	347.3	6.87	−0.69
2017	7125.2	4473.8	2629.06	320.86	6.45	−9.25
2018	8490	4895.7	2710.54	352.98	6.83	−5.2
2019	27057	25049	2646.16	453.93	6.18	−2.6
2020	10972.6	14306.1	2808.6	388.9	6.53	−0.96
2022	10972.58	14306.1	2646.16	312.32	5.98	−0.32

5.4.5　西柳沟淤地坝系研究区评价因子

（1）社会经济因子。西柳沟淤地坝系研究区社会经济因子数据见表2-8。

（2）生态环境因子。西柳沟淤地坝系研究区生态环境因子数据见表5-40。

表 5-40　　　　　西柳沟淤地坝系研究区生态环境因子数据表

年份	生境质量指数	植被覆盖指数	环境质量指数	生态遥感指数	土地胁迫指数
1988	34.01	22.21	98.68	28.58	48.78
1989	20.36	18.01	97.36	23	49.96
1990	15.27	14.32	96.34	18.94	51.71
1991	13.25	14.5	98.21	17	55.36
1992	10.58	15.21	93.2	16.02	58.88
1993	14.56	16.5	89.2	18	55.39
1994	17.16	18	90.21	20.93	49.62
1995	80.63	19.23	92.33	40	41.32
1996	116.06	20	88.64	63.56	29.01
1997	96	20.31	86.27	40	33.69
1998	27.4	21.36	89.36	27.9	36.87
1999	27.36	19.5	87.32	28	22.36
2000	27.34	19.21	88.41	30.79	12.9
2001	35.86	22.21	85.69	28	22.59
2002	21.3	25	83.25	26.29	35.85

年份	生境质量指数	植被覆盖指数	环境质量指数	生态遥感指数	土地胁迫指数
2003	35.12	23.96	84.36	27	36.39
2004	29.4	23.74	86.12	28.84	38.41
2005	27.63	24.23	80.36	28.82	32.65
2006	24.73	24.49	83.26	28.82	27.34
2007	31.23	24.46	81.23	30	30.96
2008	38.28	24.43	79.36	32.91	34.32
2009	39.58	24.3	76.33	33	32.65
2010	39.16	24.11	77.36	34.05	28.84
2011	39.2	26.21	75.69	34.3	33.96
2012	39.26	31.13	76.3	34.64	38.68
2013	42.41	31.03	75.36	36	34.25
2014	45.7	29.82	74.32	38.2	29.2
2015	46.96	28.33	73.32	39	28.79
2016	50.73	28.81	74.25	40.48	26.8
2017	67.95	29.63	76.36	40	26.98
2018	46.75	31.26	73.2	39.65	25.89
2019	45.32	29.98	71.22	39	25.5
2020	43.74	29.45	70.25	38.08	25.14
2022	39.83	35.68	70.25	47.50	14.41

（3）土地利用因了。西柳沟淤地坝系研究区土地利用因子见表4-81表。

（4）其他评价因子。西柳沟淤地坝系研究区其他评价因子数据见表5-41。

表 5-41   **西柳沟淤地坝系研究区其他评价因子数据表**

年份	保土效益	NPP	输沙量/万t	降雨/mm	气温/℃	干旱
1988	48.78	1472.66	698	440.89	5.95	0.01
1989	52.36	1472.66	859	344.41	6.83	1.08
1990	51.71	1472.66	989	414.95	7.02	1.93
1991	55.69	1472.66	335	302.95	6.85	−2.46
1992	58.88	1472.66	802	431.05	6.46	−0.51
1993	55.96	1472.66	211	278.67	6.1	−3.54
1994	49.62	1472.66	564	443.07	7.16	1.57
1995	41.32	1472.66	256	355.26	6.59	−5.34

年份	保土效益	*NPP*	输沙量/万 t	降雨/mm	气温/℃	干旱
1996	29.01	1472.66	548	364.66	6.27	−1.76
1997	33.25	1472.66	658	315.59	7.47	−2.48
1998	36.87	1472.66	1235	463.14	8.28	−1.06
1999	22.36	1472.66	569	243.96	8.15	−5.38
2000	12.9	1472.66	236	212.18	7.03	0.11
2001	22.75	1345.39	213	292.72	7.67	−2
2002	35.85	1301.17	241	391.02	7.68	−4.5
2003	36.49	1142.15	326	473.01	6.79	7.13
2004	38.41	1216.21	223	395.16	7.46	−0.32
2005	30.15	1284.6	196	244.4	6.99	−6.38
2006	27.34	1275.7	103	307.16	7.92	6.23
2007	30.68	1460.79	99	358.49	7.97	3.15
2008	34.32	1252.36	85	366.19	7.13	2.62
2009	32.56	1028.99	94	279.11	7.82	−9.18
2010	28.84	1806.26	78	328.32	7.55	−0.46
2011	33.48	1763.65	85	226.28	7.38	−2.76
2012	38.68	1649.1	96	554.57	6.81	1.39
2013	34.69	1301.75	56	410.78	8.39	−5.17
2014	29.2	1831.3	208	398.88	8.28	−3.12
2015	28.39	1517.76	123	259.51	8.24	−2.38
2016	26.8	1771.13	62	521.55	7.93	2.04
2017	26.15	1718.6	54	321.55	8.52	−5.75
2018	25.89	1575.07	98	424.63	7.92	−0.76
2019	25.84	1539.7	106	406.36	8.08	4
2020	25.14	1671.6	134	377.44	7.81	−3.4
2022	25.14	1671.60	134	377.44	7.81	−3.40

5.5　小　结

（1）通过专家打分的方法构建判断矩阵，并进行一致性检验，确定各指标在评价体系中的相对重要性。对水库评价系统来说，生态环境和水资源相关指标权重较高，水土保持治理评价系统主要任务则是拦泥减沙、淤地保土，其评价权重较高。

（2）针对三个蓄水工程承担的不同任务、功能构建了水库工程生态环境效应评价指标体系和水土保持生态治理工程生态环境效应评价指标体系。每个指标体系包括目标层、方案层、因素层和指标层，能较全面地反映水库建设对各个流域的影响，综合考虑了社会经济影响、生态环境影响和气候变化三大方面。

（3）由评价结果可以得出结论，水利工程的建设对生态环境及社会经济整体上起正向作用，生态环境评价得分呈上升趋势。对于乌拉盖水库来说，除 1998 年特大暴雨导致分数异常外，评价得分整体上呈上升趋势，2014—2017 年，分数有短暂下降，这是因为这期间降雨量较低，乌拉盖水库向下流放水较少导致湿地面积及植被指数有所降低。德日苏宝冷水库与乌拉盖水库情况类似。随着西柳沟流域内淤地坝和拦沙换水的不断修建，拦泥减沙，淤地保土效应逐渐显现，西柳沟淤地坝系生态环境状况评价综合得分也呈稳定上升趋势。

第6章 典型蓄水工程生态环境效应综合评价与预测

6.1 乌拉盖水库研究区生态环境效应综合评价与预测

6.1.1 乌拉盖水库研究区生态环境因子相关性分析

根据 2.2.3.4 所述研究方法，利用 Spearman 相关系数对评价模型得分和评价指标进行相关性分析。

6.1.1.1 社会经济因子

1. 人口

1998—2022 年，乌拉盖水库流域的人口数量变化趋势如图 6-1 所示。期间，人口呈现出显著的上升趋势，并通过了 99% 的显著性水平检验。2016 年后一直保持稳定。

2. 旅游业效益

旅游业效益的研究不仅有助于了解蓄水工程对当地经济的影响，还能间接揭示蓄水工程对环境的影响，从而综合评估其可持续性和综合效益。基于内蒙古统计年鉴数据收集了 1998—2022 年乌拉盖水库流域的旅游业效益、工业效益、人均 GDP、农作物效益和畜牧业效益数据，以更全面地了解蓄水工程建设前后的经济因子变化和特征。

1998—2022 年，乌拉盖水库流域的旅游业效益变化趋势如图 6-2 所示。数据表明，旅游业效益呈显著性增长态势，并通过了 99% 的显著性水平检验。2022 年旅游业效益较 1998 年增长了 30 倍，由 3000 万元增长到 10 亿元。

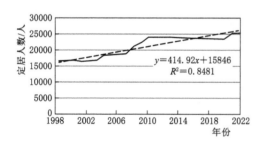

图 6-1 乌拉盖水库流域定居
人口数量变化趋势

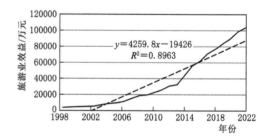

图 6-2 乌拉盖水库流域
旅游业效益变化趋势

3. 工业效益

1998—2022 年，乌拉盖水库流域的工业效益变化趋势如图 6-3 所示。数据表明，工业效益呈显著性增长态势，并通过了 99％的显著性水平检验。2022 年工业效益较 1998 年增长了 18 倍，由 1.9 亿元增长到 35 亿元。这也反映出乌拉盖水库流域相对较好的工业经济状况。水库建设前，该地区的工业效益处于相对稳定的低水平状态。水库开始建设之后，研究区的工业效益以较为一致的速率稳定提升。这说明水库的建设和运行对该地区的工业经济起到了积极的推动作用。

4. 人均 GDP

1998—2022 年，乌拉盖水库流域的人均 GDP 变化趋势如图 6-4 所示。数据表明，人均 GDP 呈显著性增长态势，并通过了 99％的显著性水平检验。2022 年人均 GDP 较 1998 年增长了 11 倍。2002 年水库开始水毁修复后，人均 GDP 也进入加速增长阶段，表明水库的修复和恢复工作对该地区的经济产生了积极影响。

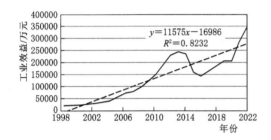

图 6-3　乌拉盖水库流域
工业效益变化趋势

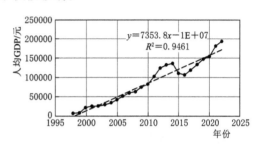

图 6-4　乌拉盖水库流域
人均 GDP 变化趋势

5. 农作物效益

1998—2022 年，乌拉盖水库流域的农作物效益变化趋势如图 6-5 所示。数据表明，农作物效益呈显著性增长态势，并通过了 99％的显著性水平检验。在水毁修复前，乌拉盖水库流域的农作物效益处于较低水平，低于 5000 万元。这可能是由于 1998 年的洪水灾害对农业环境产生了不利影响，导致农田受灾，农作物受损，从而导致农作物效益较低。随着 2002 年后水毁修复工程的进行，农作物效益逐年增长，并且在 2022 年已经接近 4 亿元的水平。这反映了水库对农业生产的积极影响。修复水毁后，水库的灌溉和供水功能得到了恢复和增强，为农作物提供了稳定的水源，改善了灌溉条件，促进了农田的高效利用，从而带动了农作物效益的增长。

6. 畜牧业效益

1998—2022 年，乌拉盖水库流域的畜牧业效益变化趋势如图 6-6 所示。数据表明，畜牧业效益呈显著性增长态势，并通过了 99％的显著性水平检验。2022 年乌拉盖水库流域的畜牧业效益较 1998 年实现了近 10 倍的增长。然而，需要特别指出的是，畜牧业效益的增长轨迹呈现出一定的波动性。这可能受到多种因素的影响，例如市场需求的波动、天气条件、草原生态环境的变化等。因此，对于这一波动性，需要结合实际情况进行深入分析和研究，以找出潜在的原因和驱动因素。

7. 相关性分析

从社会经济因子与评价得分间的相关性来看，所有的社会经济因子都呈现显著相关关系，且都是强相关正向作用，见表 6-1。说明经济和社会的发展，不仅不会再对生态环境造成不好的影响，并且随着人们环保意识的觉醒，经济和社会的发展会反哺生态环境。

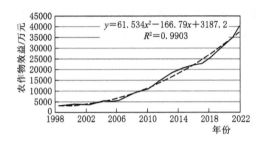

图 6-5 乌拉盖水库流域
农作物效益变化趋势

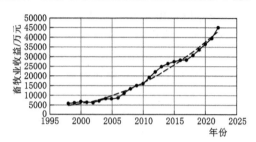

图 6-6 乌拉盖水库流域
畜牧业效益变化趋势

表 6-1　　　　　　　　　乌拉盖水库流域社会经济因子相关性

评价指标	相关系数	显著性检验	评价指标	相关系数	显著性检验
定居人数/人	0.815	<0.1%	人均 GDP/元	0.894	<0.1%
旅游业效益/万元	0.88	<0.1%	农作物效益/万元	0.888	<0.1%
工业效益/万元	0.902	<0.1%	畜牧业收益/万元	0.888	<0.1%

6.1.1.2 生态环境因子

从生态环境因子与评价得分间的相关性来看，呈现显著相关关系的有水资源量、水域面积、区域蒸散发等 10 个指标，其中拦蓄水量、水资源量、净初级生产力、湿地面积相关性均大于 0.6，呈较强正相关性，见表 6-2。这说明乌拉盖水库的建设对这些评价指标有正向的改善作用。空气环境质量指数和土地胁迫指数都呈较强负相关性，这是因为这两个指标增大代表对环境的伤害越大，前者代表环境的空气质量越差，后者代表区域内单位面积上水土流失、土地沙化、土地开发等胁迫类型面积越大。这表明水库的修建对于治理水土流失、防洪减沙、提高畜牧能力具有一定的正向作用。

表 6-2　　　　　　　　　乌拉盖水库流域生态环境因子相关性

评价指标	相关系数	显著性检验	评价指标	相关系数	显著性检验
水资源量/万 m³	0.743	<0.1%	生态环境状况指数	0.122	57.9%
河流长度/km	−0.227	29.7%	水质综合状况	0.04	85.6%
水域面积/km²	0.352	9.9%	土地胁迫指数	−0.771	<0.1%
湿地面积/km²	0.695	<0.1%	未利用土地面积/km²	0.296	17%
区域蒸散发	−0.352	9.9%	草地覆盖/km²	−0.164	45.5%
水网密度	0.312	14.7%	建设用地/km²	−0.163	45.9%
生境质量指数	−0.289	18%	拦蓄水量/万 m³	0.751	<0.1%
植被覆盖指数	0.83	<0.1%	下泄水量/万 m³	0.49	1.8%
空气环境质量指数	−0.73	<0.1%	净初级生产力	0.719	<0.1%

6.1.1.3 气象因子

如表 6-3 所示，气象因子的三个指标都呈显著相关关系，其中降雨和干旱呈较强正相关性，降雨量的增加会增加流域内的蓄水量、湿地面积、草地覆盖等指标。水库的建设则可以灵活地决定下泄水量以及起到拦洪消波的作用。干旱指标用 SPI 进行表示，SPI 值越大代表着越湿润。这表明水库的建设对于气象调节有一定的正向作用。

表 6 - 3　　　　　　　　　　乌拉盖流域气象因子相关性

评价指标	相关系数	显著性检验
降雨/mm	0.656	0.1%
气温/℃	0.392	6.5%
干旱	0.79	<0.1%

6.1.2　乌拉盖水库研究区生态环境效应评价

将 6.1.1 节所得的指标层权重分别与标准化指标相乘累加得到最终的评价得分，如图 6-7 所示。

由图 6-7 可以看出，得分在研究年限前几年有一个较大程度的下降，这是因为 1998 年降雨量非常大，使占比权重最大的生态环境状况系统与水有关的指标飙升，导致最终得分较高，后续则恢复正常。由最终得分可以看出，2005 年乌拉盖水库重新投入使用后生态环境评价得分整体呈上升趋势，2015—2017 年 3 年得分较低是因为这 3 年降雨量较小，导致评价指标里与水相关的水资源以及植被等指标受到影响。因此，可以得出以下结论：乌拉盖水库的修建对乌拉盖流域内生态环境整体起正向作用，生态环境评价得分呈上升趋势。

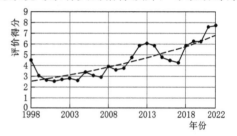

图 6 - 7　乌拉盖水库流域生态
环境状况评价综合得分

以 2020 年数据为基准，最终评价得分为 6.571。对乌拉盖水库流域评价指标体系以每一个方案层为一个整体作出假设：以 2020 年数据为基准，若社会经济指标向上改善 20%，则最终得分会变为 6.794，改善率为 3.4%；若生态环境指标向上改善 20%，则最终得分会变为 7.457，改善率为 13.4%；若气象因子指标向上改善 20%，则最终得分会变为 6.776，改善率为 3.12%。

6.1.3　乌拉盖水库研究区生态环境效应预测

通过前面的分析可以看出大多数评价指标都呈现出一定的趋势性，这就有利于对指标作出预测，然后对未来一定时间内的生态环境评价得分也作出判断。这里选取趋势性较强的因子（例如社会经济因子）进行预测，而趋势性不强的指标则使其未来值等于 2020 年的值。

6.1.3.1　社会经济因子预测

对 2021—2030 年社会经济因子数据进行预测，结果如图 6-8 所示。可以看出，人口和经济数据均呈现稳定上升趋势，在 2030 年人口将增加 40 万人，人均 GDP 将增加至 12 万元以上，农作物效益将增加至 80 亿元，畜牧业效益增加至 40 亿元。

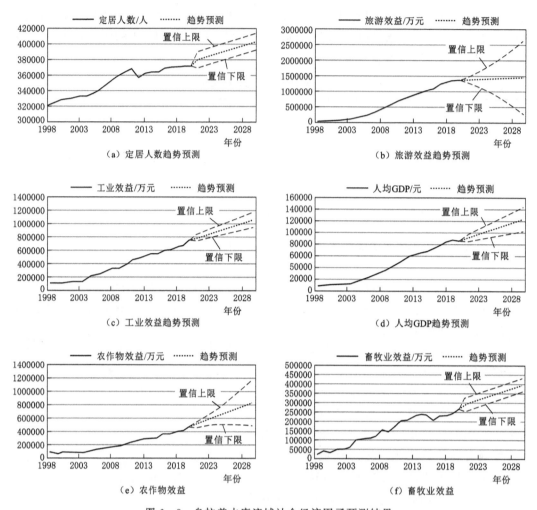

图 6-8　乌拉盖水库流域社会经济因子预测结果

6.1.3.2　生态环境因子预测

对主要生态环境因子进行预测，结果如图 6-9 所示。可以看出，生态环境因子基本上都呈缓慢改善的趋势。其中水资源量呈缓慢增加趋势，到 2030 年将超过 7500 万 m^3，区域蒸散发、河流长度、水域面积、水网密度、植被覆盖指数和生态遥感指数基本保持稳定，空气质量指数明显降低，空气质量有所改善。净初级生产力也呈增加趋势，预计 2030 年较 2020 年增加 15%。但草地覆盖面积可能会有所降低，这与草地转换为农田和建筑用地有关，应引起注意。

6.1.3.3　气象因子预测

对降雨和气温进行预测，结果如图 6-10 所示。可以看出降雨量基本保持稳定，气温缓慢增加。

6.1.3.4　乌拉盖水库流域生态环境评价预测结果

根据上面的预测结果对乌拉盖水库流域生态环境进行评价，所用方法与生态评价方法一致，结果如图 6-11 所示。根据预测结果可以看出，乌拉盖水库流域的生态环境评价得分呈上升趋势，说明乌拉盖水库流域内的生态环境将会得到持续性的改善。这也说明从长远来看乌拉盖水库的修建对生态环境有利。

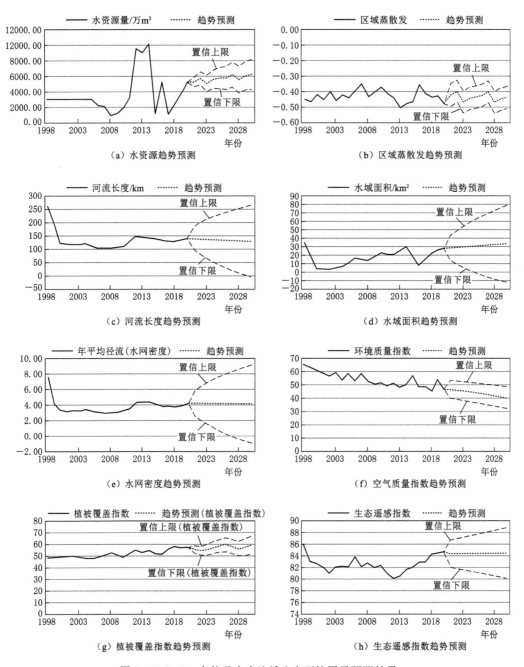

图 6-9（一）　乌拉盖水库流域生态环境因子预测结果

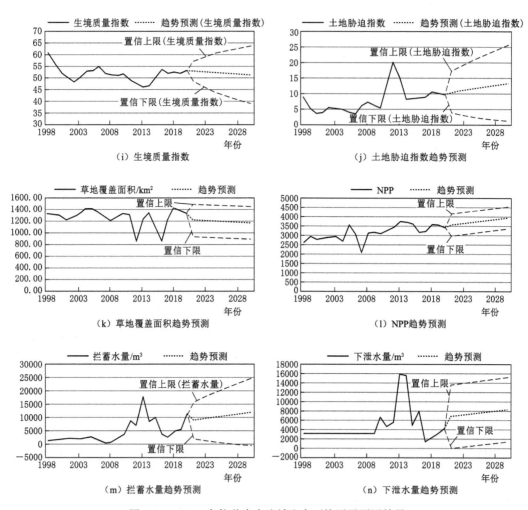

图 6-9（二） 乌拉盖水库流域生态环境因子预测结果

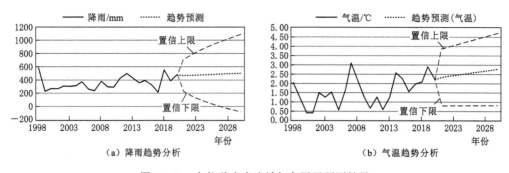

图 6-10 乌拉盖水库流域气象因子预测结果

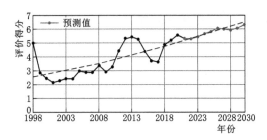

图 6-11　乌拉盖水库流域生态环境评价预测结果

6.2　德日苏宝冷水库研究区生态环境效应综合评价与预测

6.2.1　德日苏宝冷水库研究区生态环境因子相关性分析

根据 2.2.3.4 所述研究方法，利用 Spearman 相关系数对评价模型得分和评价指标进行相关性分析。

6.2.1.1　社会经济因子

1. 人口

2000—2022 年，德日苏宝冷水库流域的人口数量变化趋势如图 6-12 所示。2000—2014 年，人口呈现出显著的上升趋势，并通过了 99％的显著性水平检验。2014 年后呈下降趋势，此现象与大趋势人口流出有关。

2. 旅游业效益

2000—2022 年，德日苏宝冷水库流域的旅游业效益变化趋势如图 6-13 所示。数据表明，旅游业效益呈显著性增长态势，并通过了 99％的显著性水平检验，2022 年旅游业效益较 2000 年增长了 11 倍，由 3 亿元增长到 35 亿元。

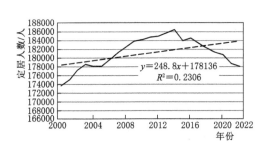

图 6-12　德日苏宝冷水库流域
人口数量变化趋势

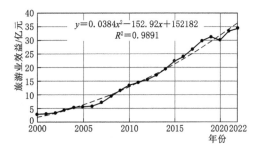

图 6-13　德日苏宝冷水库流域
旅游业效益变化趋势

3. 工业效益

2000—2022 年，德日苏宝冷水库流域的工业效益变化趋势如图 6-14 所示。数据表明，德日苏宝冷水库流域的工业效益仍处在较低水平，但工业效益呈显著性增长态势，并通过了 99％的显著性水平检验。2022 年的工业效益相较于 2000 年，实现了

10倍的增长，达到近17亿元。水库开始建设后，工业效益进入了一个明显的加速增长期，随后趋向相对稳定的增长轨迹。这能反映出水库建设带来的经济活动增加以及相关产业的发展。

4. 人均GDP

2000—2022年，德日苏宝冷水库流域的人均GDP变化趋势如图6-15所示。数据表明，德日苏宝冷水库流域的人均GDP呈稳定增长态势，这一趋势通过了99%的显著性水平检验。2022年的人均GDP相较于2000年实现了12倍的增长。水库开始建设后，人均GDP相对于建设前急剧攀升，这也说明德日苏宝冷水库对该地区经济的推动作用。

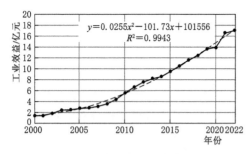

图6-14　德日苏宝冷水库流域工业效益变化趋势

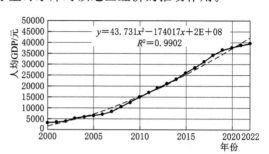

图6-15　德日苏宝冷水库流域人均GDP变化趋势

5. 农作物效益

根据图6-16所示的数据，2000—2022年，德日苏宝冷水库流域的农作物效益呈现出稳定增长的趋势。这一趋势通过了99%的显著性水平检验。在水库建设期间以及完工后几年，德日苏宝冷水库流域的农作物效益增长轨迹出现了较大的波动。这是因为水库建设和恢复期间可能存在一些调整和改善的过程，以适应新的灌溉和水资源管理系统。随着调整的完成和水库的正常运营，农作物效益逐渐趋于稳定增长。

6. 畜牧业效益

根据图6-17所示的数据，2000—2022年，德日苏宝冷水库流域的畜牧业效益持续稳定增长，这一趋势通过了99%的显著性水平检验。这说明德日苏宝冷水库的建设和运营对畜牧业的影响相对较大。

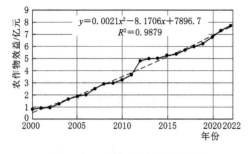

图6-16　德日苏宝冷水库流域农作物效益变化趋势

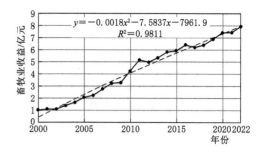

图6-17　德日苏宝冷水库流域畜牧业效益变化趋势

7. 相关性分析

从社会经济因子与评价得分间的相关性来看，所有的社会经济因子都呈现显著相关关系，且都是强相关正向作用，见表 6-4。说明经济和社会的发展，不仅不会对生态环境造成破坏，并且随着人们环保意识的觉醒，经济和社会的发展会反哺生态环境。

表 6-4 德日苏宝冷水库流域生态环境因子相关性

评价指标	相关系数	显著性检验	评价指标	相关系数	显著性检验
定居人数/人	0.822	<0.1%	人均 GDP/元	0.822	<0.1%
旅游业效益/万元	0.823	<0.1%	农作物效益/万元	0.822	<0.1%
工业效益/万元	0.822	<0.1%	畜牧业收益/万元	0.808	<0.1%

6.2.1.2 生态环境因子

从生态环境因子与评价得分间的相关性来看，拦蓄水量、水资源量、净初级生产力、湿地面积、下泄水量、生境质量指数、植被覆盖指数、河流长度、水网密度的相关性均大于 0.6，呈较强正相关性，见表 6-5。这说明德日苏宝冷水库的建设有利于流域内的水资源利用，提高了流域内整体土地承载能力和环境质量。

表 6-5 德日苏宝冷水库流域生态环境因子相关性

评价指标	相关系数	显著性检验	评价指标	相关系数	显著性检验
水资源量/万 m^3	0.851	<0.1%	生态环境状况指数	0.095	68.5%
河流长度/km	0.75	<0.1%	水质综合状况	−0.003	99%
水域面积/km^2	0.66	0.1%	土地胁迫指数	−0.353	11.7%
湿地面积/km^2	−0.042	85%	未利用土地面积/km^2	−0.17	46.2%
区域蒸散发	−0.187	41.7%	草地覆盖/km^2	0.173	45.3%
水网密度	0.772	<0.1%	建设用地/km^2	0.124	45.9%
生境质量指数	0.851	<0.1%	拦蓄水量/万 m^3	0.865	<0.1%
植被覆盖指数	0.75	<0.1%	下泄水量/万 m^3	0.879	<0.1%
空气环境质量指数	−0.106	64.7%	净初级生产力	0.657	0.1%

6.2.1.3 气象因子

如表 6-6 所示，气象因子的 3 个指标都呈显著相关关系，其中降雨和干旱呈较强正相关性，降雨量的增加会增加流域内的蓄水量、湿地面积、土壤水分等指标，这会有效提高流域内的生态环境。水库的建设则可以灵活地决定下泄水量以及起到拦洪消波的作用。干旱指标用 SPI 来表示，SPI 值越大代表越湿润。这表明水库的建设对气象调节有一定的正向作用。

表 6-6 德日苏宝冷水库流域气象因子相关性

评价指标	相关系数	显著性检验
降雨/mm	0.752	<0.1%
气温/℃	0.392	8.9%
干旱	0.63	<0.1%

6.2.2　德日苏宝冷水库研究区生态环境效应

将上文所得的指标层权重分别与德日苏宝冷水库数据标准化指标相乘累加得到最终的

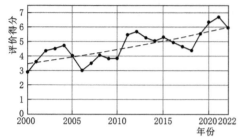

图 6-18　德日苏宝冷水库流域生态
环境状况评价综合得分

评价得分，如图 6-18 所示。

由最终得分可以看出，2009 年德日苏宝冷水库建成投入使用后生态环境评价得分整体呈上升趋势。因此，可以得出以下结论：德日苏宝冷水库的修建对流域内的生态环境整体起正向作用，生态环境评价得分呈上升趋势。

以 2020 年数据为基准，最终评价得分为 6.39。对德日苏宝冷流域评价指标体系以每一个方案层为一个整体作出假设：以 2020 年数据为基准，若社会经济指标向上改善 20%，则最终得分会变为 6.58，改善率为 2.9%；若生态环境指标向上改善 20%，则最终得分会变为 7.23，改善率为 14.9%；若气象因子指标向上改善 20%，则最终得分会变为 6.53，改善率为 2.16%。

6.2.3　德日苏宝冷水库研究区生态环境效应预测

通过前面的分析可以看出大多数评价指标都呈现出一定的趋势性，这就有利于对指标做出预测，然后对未来一定时间内的生态环境评价得分也作出判断，这里选取趋势性较强的因子（例如社会经济因子都具有较强的趋势性）进行预测，而趋势性不强的指标则使其未来值等于 2020 年的值。

6.2.3.1　社会经济因子预测

对社会经济因子数据 2021—2030 年进行预测，结果如图 6-19 所示。可以看出，人口、经济数据均呈稳定上升的趋势。其中人口数在经历短暂下降后缓慢恢复，在 2030 年达到 18.5 万人，人均 GDP 将增长至 5 万元左右，工业效益、旅游效益也稳步增长。

6.2.3.2　生态环境因子预测

对主要生态环境因子进行预测，结果如图 6-20 所示。可以看出生态环境因子基本上都呈缓慢改善的趋势。其中水资源量与水域面积增长较快，2030 年水资源量可以增加至 10 万 m^3。河流长度、水网密度、植被覆盖指数、生态遥感指数、土地胁迫指数和草地覆盖面积保持稳定。空气质量指数持续降低，空气质量有所改善。拦蓄水量和下泄水量也呈增长趋势，有利于水资源调度和防洪削波。净初级生产力也呈增加趋势，2030 年相较于 2020 年提高 8%。

6.2.3.3　气象因子预测

对降雨和气温进行预测，结果如图 6-21 所示，可以看出降雨量基本保持稳定，气温缓慢增加。

6.2.3.4　德日苏宝冷水库流域生态环境评价预测结果

根据上面的预测结果，对德日苏宝冷水库流域生态环境进行评价，所用方法与前边生态评价方法一致，结果如图6-22所示。根据预测结果可以看出，德日苏宝冷水库流域的生态环境评价得分呈上升趋势，说明德日苏宝冷水库流域内的生态环境将会得到持续改善。这也说明从长远来看德日苏宝冷水库的修建对生态环境有利。

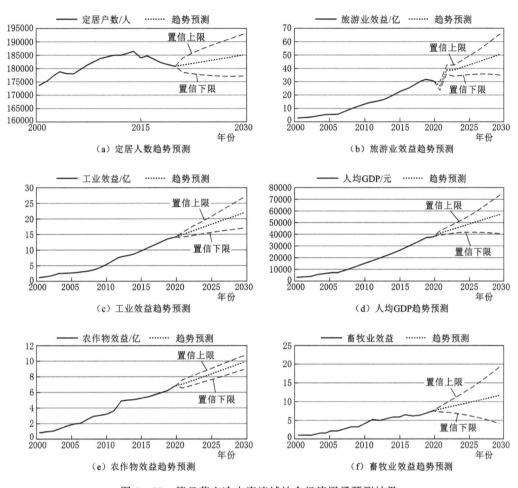

图 6-19　德日苏宝冷水库流域社会经济因子预测结果

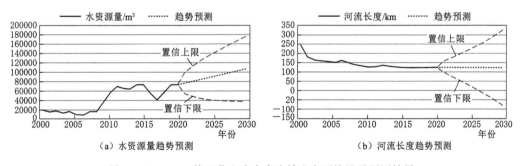

图 6-20（一）　德日苏宝冷水库流域生态环境因子预测结果

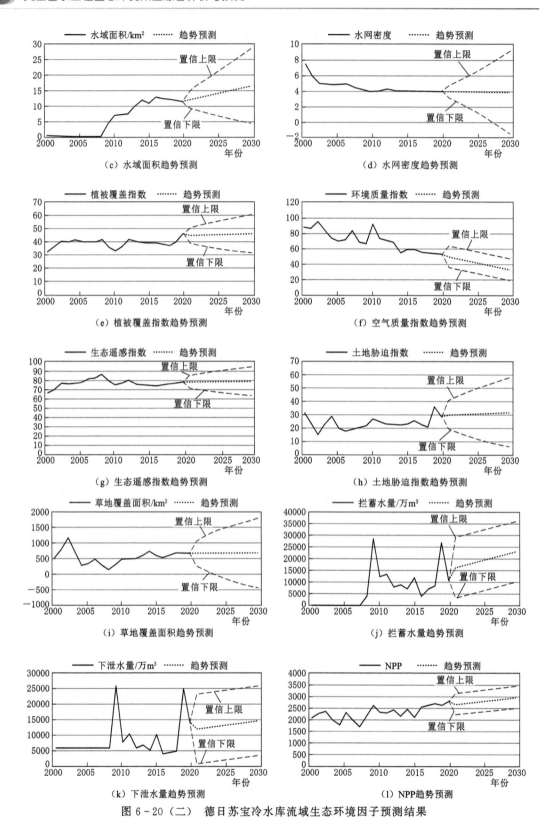

图 6-20（二） 德日苏宝冷水库流域生态环境因子预测结果

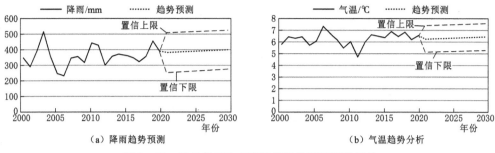

图 6-21　德日苏宝冷水库流域气象因子预测结果

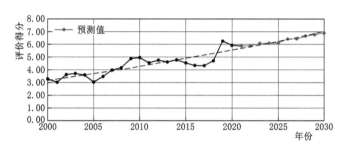

图 6-22　德日苏宝冷水库流域生态环境评价预测结果

6.3　西柳沟淤地坝系研究区生态环境效应综合评价与预测

6.3.1　西柳沟淤地坝系研究区生态环境因子相关性分析

根据 2.2.3.4 所述研究方法，利用 Spearman 相关系数对评价模型得分和评价指标进行相关性分析。

6.3.1.1　社会经济因子

1. 人口

1988—2022 年，西柳沟淤地坝系研究区的居民人口变化趋势如图 6-23 所示。可以看出，人数增加了近 8 万人，呈稳定增长态势，并通过了 99% 的显著性水平检验。

2. 旅游业效益

1988—2022 年，西柳沟淤地坝系研究区的旅游业效益变化趋势如图 6-24 所示。数据表明，旅游业效益呈显著性增长态势，并通过了 99% 的显著性水平检验。2022 年旅游业效益较 1988 年增长了 287 倍。西柳沟淤地坝系研究区的旅游业效益在 1988—1994 年保持在较低的水平，未突显出显著增长迹象，之后开始急剧攀升，直至 2022 年旅游业效益达到 160 亿元。

3. 工业效益

1988—2022 年，西柳沟淤地坝系研究区的工业效益变化趋势如图 6-25 所示。数据表明，西柳沟淤地坝系研究区的旅游效益在 1988—1994 年保持在较低的水平，未突显出显著增长迹象，之后开始急剧攀升，直至 2022 年工业效益达到 113 亿元。

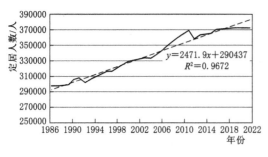

图 6-23　西柳沟淤地坝系
研究区人口变化趋势

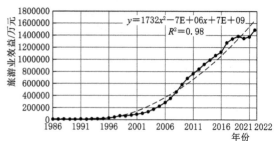

图 6-24　西柳沟淤地坝系
研究区旅游业效益变化趋势

4. 人均 GDP

1988—2022 年，西柳沟淤地坝系研究区的人均 GDP 变化趋势如图 6-26 所示。数据表明，人均 GDP 呈显著性增长态势，并通过了 99% 的显著性水平检验。西柳沟淤地坝系研究区的人均 GDP 在 1988—1994 年保持在较低的水平，未突显出显著增长迹象，而后几年里开始缓慢增长，直到 2003 年后，该地区的人均 GDP 开始呈现出急剧攀升的趋势。然而，2012 年后，增速出现放缓迹象。以上增长现象很可能与西柳沟淤地坝系的建设进程有关。可以推测，西柳沟淤地坝系的建设在一定程度上推动了该地区经济的发展。随着淤地坝系的建设逐渐完善和投入使用，该地区的基础设施得到了改善，投资和就业机会增加，促使了人均 GDP 的增长。

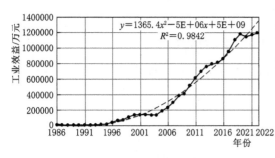

图 6-25　西柳沟淤地坝系
研究区工业效益变化趋势

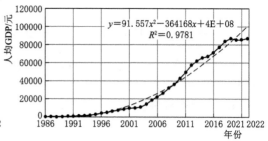

图 6-26　西柳沟淤地坝系
研究区人均 GDP 变化趋势

5. 农作物效益

1988—2022 年，西柳沟淤地坝系研究区的农作物效益变化趋势如图 6-27 所示。农作物效益呈显著性增长态势，并通过了 99% 的显著性水平检验。西柳沟淤地坝系研究区的农作物效益在 1988—1994 年保持在较低的水平，未突显出显著增长迹象，而后几年里开始缓慢增长，直到 2003 年后，该地区的农作物效益开始呈现出急剧攀升的趋势。

6. 畜牧业效益

1988—2022 年，西柳沟淤地坝系研究区的畜牧业效益变化趋势如图 6-28 所示。畜牧业效益呈显著性增长态势，并通过了 99% 的显著性水平检验。在西柳沟淤地坝系研究区，畜牧效益在 1988—1993 年期间保持在相对较低的水平，未突显出显著增长的迹象。

然而，在之后的几年里，畜牧效益开始逐渐增长。尤其是自 2003 年开始，该地区的畜牧效益开始呈现出急剧攀升的趋势。值得注意的是，该增长轨迹与西柳沟淤地坝系的工业效益、农作物效益等经济因素可能存在一定的相似性。这种相似性可以作为深入研究的方向。

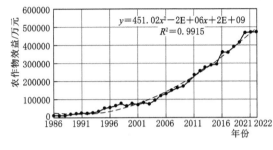

图 6-27　西柳沟淤地坝系研究区
农作物效益变化趋势

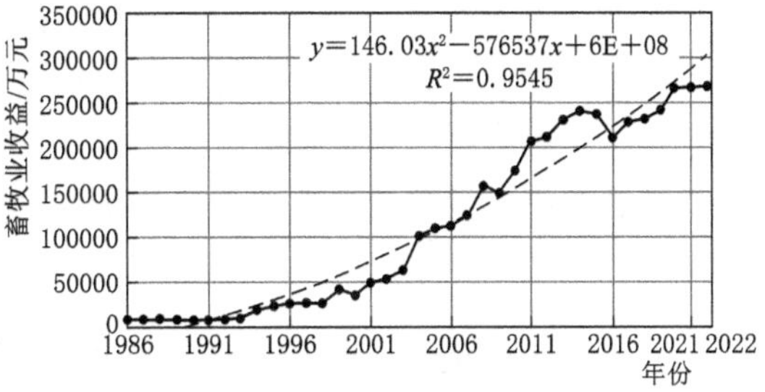

图 6-28　西柳沟淤地坝系研究区
畜牧业效益变化趋势

7. 相关性分析

从社会经济因子与评价得分间的相关性来看，所有的社会经济因子都呈显著相关关系，且都是强相关正向作用，见表 6-7。说明经济和社会的发展，不仅不会对生态环境造成破坏，并且随着人们环保意识的觉醒，经济和社会的发展会反哺生态环境。

表 6-7　　　　　　　　　西柳沟淤地坝系研究区社会环境因子相关性

评价指标	相关系数	显著性检验	评价指标	相关系数	显著性检验
定居人数/人	0.707	<0.1%	农作物效益/万元	0.752	<0.1%
工业效益/万元	0.7	<0.1%	畜牧业收益/万元	0.738	<0.1%
人均 GDP/元	0.731	<0.1%			

6.3.1.2　生态环境因子

从生态环境因子与评价得分间的相关性来看，呈现显著相关关系的有植被覆盖指数、环境质量指数等 6 个指标，其中环境质量指数、植被覆盖指数、保土效益、NPP 的相关系数均大于 0.6，呈较强正相关性，见表 6-8。这说明随着西柳沟淤地坝的不断建设，流域内的物种丰富度以及基础生态环境得到了一定程度的改善；而与输沙量呈显著负相关性，这说明淤地坝的建设对于拦沙入黄有显著的正向作用。

表 6-8　　　　　　　　　西柳沟淤地坝系研究区生态环境因子相关性

评价指标	相关系数	显著性检验	评价指标	相关系数	显著性检验
生境质量指数	0.518	0.2%	草地覆盖面积/km²	0.22	21.9%
植被覆盖指数	0.775	<0.1%	建设用地/km²	−0.128	47.6%
环境质量指数	0.725	<0.1%	保土效益	0.685	3.4%
生态遥感指数	0.484	0.4%	输沙量/万 t	−0.462	0.7%
土地胁迫指数	−0.185	30.7%	NPP	0.623	<0.1%
未利用土地面积/km²	0.015	92.3%			

6.3.1.3 气象因子

如表 6-9 所示。气象因子中的降雨和气温指标呈显著相关关系，降雨量的增加会增加研究区内的蓄水量、湿地面积、土壤水分等指标，这会有效提高流域内的生态环境。淤地坝的建设则可以减少水土流失并起到拦洪消波的作用。干旱指标用 SPI 表示，

表 6-9　西柳沟淤地坝系研究区气象因子相关性

评价指标	相关系数	显著性检验
降雨/mm	0.593	<0.1%
气温/℃	0.509	0.3%
干旱	−0.072	69.2%

SPI 值越大代表越湿润。由于西柳沟淤地坝系研究区大片的戈壁沙漠地形，这会导致淤地坝的建设对于改善干旱并不显著。

6.3.2 西柳沟淤地坝系研究区生态环境效应评价

将上文所得的指标层权重分别与西柳沟淤地坝系研究区数据标准化指标相乘累加得到最终的评价得分，如图 6-29 所示。

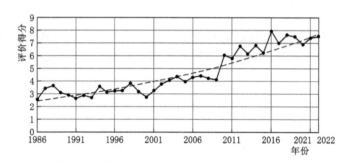

图 6-29　西柳沟淤地坝系研究区生态环境状况评价综合得分

由图 6-29 可知，随着西柳沟淤地坝的不断修建，研究区内生态环境综合评价得分也呈稳定上升趋势，因此淤地坝的修建整体起正向作用。

以 2020 年数据为基准，最终评价得分为 5.47。对西柳沟淤地坝系研究区评价指标体系以每一个方案层为一个整体做出假设：以 2020 年数据为基准，若社会经济指标向上改善 20%，则最终得分会变为 5.72，改善率为 4.4%；若生态环境指标向上改善 20%，则最终得分会变为 6.20，改善率为 13.2%；若气象因子指标向上改善 20%，则最终得分会变为 5.60，改善率为 2.24%。

6.3.3 西柳沟淤地坝系研究区生态环境效应预测

通过前面的分析可以看出，大多数评价指标都呈现出一定的趋势性，这就有利于对指标做出预测，然后对未来一定时间内的生态环境评价得分也作出判断。这里选取趋势性较强的因子（例如社会经济因子都具有较强的趋势性）进行预测，而趋势性不强的指标则使其未来值等于 2020 年的值。

6.3.3.1 社会经济因子预测

对社会经济因子数据 2021—2030 年进行预测，结果如图 6-30 所示。可以看出，人

口、经济数据均呈稳定上升趋势。到 2030 年，人口将增长至 40 万人，经济数据也将持续快速发展。

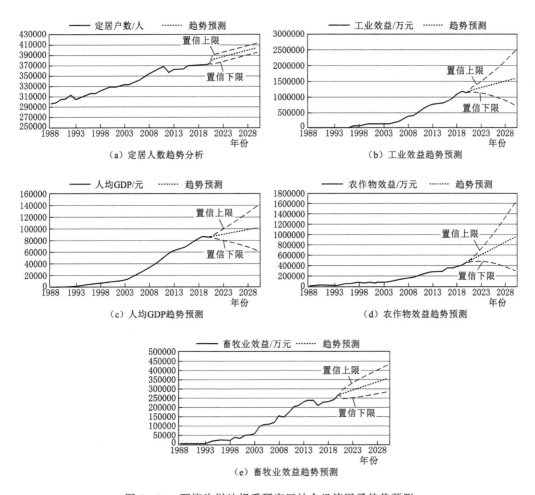

图 6-30　西柳沟淤地坝系研究区社会经济因子趋势预测

6.3.3.2　生态环境因子预测

对主要生态环境因子进行预测，结果如图 6-31 所示。可以看出生态环境因子基本上都呈缓慢改善的趋势。生境质量指数呈上升趋势，2030 年相较于 2020 年提升 23％。植被覆盖指数保持稳定。生态遥感指数、草地覆盖面积缓慢增长，土地胁迫指数和输沙量持续下降，说明淤地坝对拦泥、减沙、淤地、保土有很大作用。净初级生产力持续增长，2030 年相较于 2020 年提升 24％。

6.3.3.3　气象因子预测

对降雨和气温进行预测，结果如图 6-32 所示。可以看出降雨量基本保持稳定，气温缓慢增加。

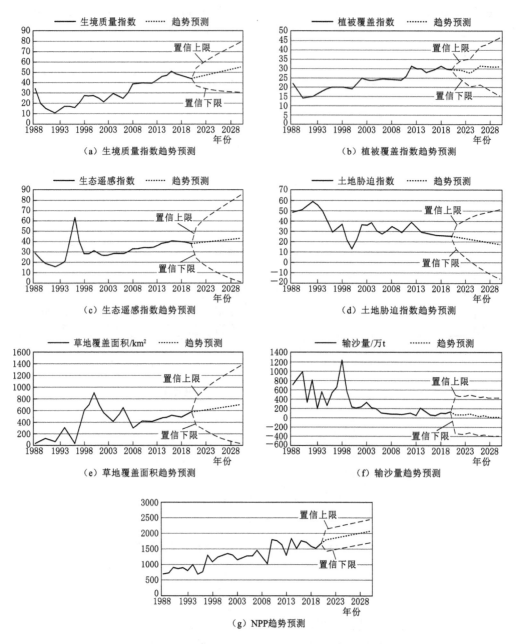

图 6-31 西柳沟淤地坝系研究区生态环境因子趋势预测

6.3.3.4 西柳沟淤地坝系研究区生态环境评价预测结果

根据上面的预测结果，对西柳沟淤地坝系研究区生态环境进行评价，所用方法与前边生态评价方法一致，结果如图 6-33 所示。根据预测结果可以看出，西柳沟淤地坝系研究区的生态环境评价得分呈上升趋势，说明西柳沟淤地坝系研究区内的生态环境将会得到持续性改善。这也说明西柳沟淤地坝的修建从长远来看，对生态环境有利。

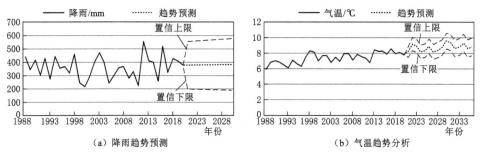

（a）降雨趋势预测   （b）气温趋势分析

图 6-32   西柳沟淤地坝系研究区生态环境因子趋势预测

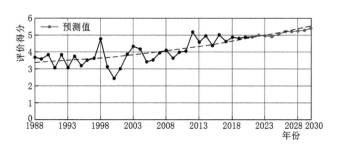

图 6-33   西柳沟生态环境因子趋势预测

6.4   小   结

（1）使用 Spearman 秩相关分析法，研究了 3 个流域各评价指标与最终评价得分的相关关系。结果如下。①社会经济因子评价得分呈显著正相关。社会经济因子都呈现显著相关关系，且都是强相关正向作用。说明经济和社会的发展，不仅不会对生态环境造成破坏，并且随着人们环保意识的觉醒，经济和社会的发展会反哺生态环境。②生态环境因子中主要因子（如 NPP、水资源、植被指数等）与评价得分呈显著正相关性，说明水利工程建设对水资源合理调度以及生态恢复有一定作用。但流域内土地利用类型变化较大，乌拉盖流域内湿地面积受降雨影响较大，研究区内降雨量减少导致湿地面积有所减小。德日苏宝冷研究区耕地面积变化较大，应引起注意。

（2）根据各流域近 20 年评价指标数据变化趋势，对 2021—2030 年社会经济因子、生态环境因子和部分气象因子进行预测。根据预测结果，采用与历史符合的数据，重新进行了 3 个流域 2021—2030 年生态环境综合评价。结果表明，3 个流域的生态环境评价得分整体都呈上升趋势，说明水利工程建设对流域生态环境产生正面影响。

第7章 结论与展望

7.1 结 论

本书紧密围绕内蒙古自治区生态优先绿色发展新理念和生态水利工程建设新要求，针对蓄水工程建设前后的生态环境效应，识别了生态环境对蓄水工程建设的关键响应因子，阐明了关键生态环境指标时序演变与蓄水工程建设的互馈关系，建立了典型蓄水工程建设条件下生态环境遥感监测指标时空分布格局和序列数据库，构建了水库工程和水土保持生态治理工程生态环境效应评价指标体系，研发了"内蒙古蓄水工程生态评价系统"，对不同气候区不同功能属性的三个代表性蓄水工程生态环境效应进行了综合评价。评价结果表明：水利工程的建设对生态环境及社会经济整体上起正向作用，生态环境评价得分呈上升趋势。

7.1.1 关键因子识别结论

依据 AHP 法构建了蓄水工程影响生态环境效应关键因子识别的指标体系，包括水文、土地、气候、生境 4 类准则层及 36 个指标。利用专家咨询方式对各准则层和指标层构建判断矩阵，分析确定蓄水工程建设影响区域的水、土、气、生等生态环境效应权重大小顺序是水文（37.4%）＞气候（24.6%）＞生境（14.8%）＞土地（14.8%）。从遥感技术监测的可行性角度分析，与水文有关的水域面积、水网密度、水域水质，与土地有关的湿地面积、土地利用类型、耕地面积、土壤水分，与气候有关的降水、水旱灾害、蒸散发、湿度、温度，与生境有关的植被覆盖指数、草地覆盖率、碳汇功能等关键因子均可利用高光谱无人机、高分影像等进行监测。

7.1.2 生态环境效应监测结论

7.1.2.1 乌拉盖水库研究区监测结论

（1）乌拉盖水库自 2005 年开始重新投入运行至 2010 年，水库蓄水面积呈波动增加趋势，至 2010 年达到 21.5km²；2010—2015 年，水库蓄水面积呈波动趋势，湖库面积均超过 20km²；2016 年，由于水库处于除险加固施工阶段且叠加降水减少因素，水库蓄水面积骤减为 7.75km²；2018—2022 年水库蓄水面积呈波动增加趋势，湖库平均面积 25.97km²。乌拉盖水库水质综合营养状态指数为 53.15，属于轻度富营养化状态。

（2）乌拉盖水库研究区从 2005 年到 2022 年耕地面积呈持续降低态势，2005—2020 年建设用地和未利用地面积占比小，变化不大；林地面积较 2005 年增加 70.47%。草地面积总体上增加，水体面积总体呈波动增加趋势。2005—2022 年总体上看土壤侵蚀变化不大，呈现土壤侵蚀减弱的趋势。

（3）气象条件演变特点：降水增加的态势覆盖全部的研究区；乌拉盖水库建设前后温度分布较为一致，总体上是东南低纬度地区温度高，西北高纬度地区温度低；从空间分布上看，湿度高值区在研究区西北侧高纬度地带，风速高值区在研究区东南侧低纬度地带。

（4）从空间上来看，水库重新投入运行后乌拉盖水库流域植被覆盖度整体呈波动趋势，其波动趋势与降水波动基本一致，与净初级生产力分布较为一致，说明水库减少对流域生态环境的影响较小，水库周边的生态环境相对稳定。

（5）乌拉盖水库研究区生境质量指数稳定维持在 50 左右，且长期表现出平稳趋势；植被覆盖度指数稳定维持在 63 左右；水网密度指数基本维持在 199 左右，且变化幅度较小，长期表现出稳定趋势；土地胁迫指数波动较大，总体趋势呈加剧的趋势；生态环境指数保持在 90 左右，按照生态环境等级划分，始终处于最高等级优等范围，客观反映了乌拉盖水库研究区优良的生态环境。

7.1.2.2 德日苏宝冷水库研究区监测结论

（1）德日苏宝冷水库水域面积季节变化较为明显，属于典型的季节性河流，河流长度基本保持在 130km 左右，湖库面积则呈持续增加的趋势。2015—2021 年德日苏宝冷水库水质情况变化不大，属于轻度富营养化状态。

（2）2010—2022 年，德日苏宝冷水库研究区耕地面积在曲折变化中呈波动微减少趋势，林地面积呈增长趋势，水体面积呈波动增长趋势；低覆盖度草地面积大幅度减少，中覆盖度草地面积和高覆盖度草地面积都在增加。中高覆盖度草地面积增幅达 86.14%，低覆盖度草地面积降低 61.9%，低覆盖度草地主要转化为中高覆盖度草地，土壤侵蚀呈波动中减弱的特点，原有的重度侵蚀面积、中度侵蚀面积均有所减少，轻度以下侵蚀面积则有所增加。

（3）研究区的降水呈平稳波动、略有增加的特点，靠近下游，降水增加趋势越显著；空间分布上，德日苏宝冷水库建设前，降水高值区在水库库区及上游位置处，水库建成后，降水高值区从水库库区及上游位置处转移到水库下游位置。2001—2021 年德日苏宝冷水库研究区温度变化总体呈增加趋势，湿度变化无几，呈上游到下游递减趋势。总体上是中游库区及以上风速较大，上游和下游风速相对较低。

（4）水库建成后植被覆盖度有了很大程度的提高，特别是水库西部丘陵地区的 NDVI 指数增长明显。2000—2022 年，德日苏宝冷水库研究区生境质量指数维持在 40 左右，且长期表现出稳定趋势，水库建成后，生境质量指数维持在 47 左右，且长期表现出向好趋势，说明水库建设对于生态环境具有良好的改善作用。

（5）水网密度指数维持在 191 左右，且变化幅度较小，长期呈稳定趋势，反映出蓄水工程建设对于研究区水网密度的稳定有所贡献。土地胁迫指数在波动中呈缓慢上升的趋势，土地胁迫指数基本徘徊在 10～15，生态环境指数保持在 75 左右，按照生态环境等级划分，德日苏宝冷水库生态环境状况在优（≥75）和良（75＞EI≥55）之间波动，今后应加强对德日苏宝冷水库生态环境的保护，从而保证其生态环境质量的优良等级。

7.1.2.3 西柳沟淤地坝系工程研究区监测结论

（1）西柳沟淤地坝系工程大多建于 2000—2010 年，2010—2022 年水域面积呈波动增加趋势。西柳沟淤地坝系水质情况属于中度富营养化，2020 年水质情况有所改善，综合营养状态指数回升至轻度富营养化。

（2）2010—2022 年，研究区林地面积、水体面积均呈增加趋势，低覆盖度草地面积大幅度减少，中覆盖度草地面积和高覆盖度草地面积都在增长。原有的未利用土地在淤地坝系工程建设的作用下，变成了更多的草地，包括高中低不同覆盖度的草地，淤地坝系的水土保持作用得以体现。

（3）研究区降水总体呈增加态势，温度呈波动增长的趋势，湿度呈整体减弱态势，风速呈波动变化态势。植被覆盖呈上升趋势，特别是南部下游地区，变化较为明显。

（4）植被覆盖度显著提高；净初级生产力值呈中部、北部低，南部高。2010—2022 年大部分年份生境质量指数偏低仅维持在 40 左右，总体趋势表现出稳中有升的趋势；植被覆盖度指数由 27.87 上升到 37.79，说明植被覆盖度大幅度提高。

（5）土地胁迫指数基本徘徊在 10～15，在波动中呈缓慢上升的趋势；生态环境指数保持在 40 左右，按照生态环境等级划分，西柳沟淤地坝系生态环境状况属于一般等级（$55 > EI \geqslant 35$），今后应加强对西柳沟淤地坝系生态环境的保护，从而保证其生态环境质量的稳定，而不至于进一步下降，而西柳沟淤地坝系的建设正符合这一环境要求，促进了生态环境的稳定和向好发展。

7.1.3 生态环境效应评价结论

针对内蒙古自治区 3 个代表性蓄水工程构建了水库工程和水土保持生态治理工程生态环境效应评价指标体系。每个指标体系包括目标层、方案层、因素层和指标层，全面地分析研究了蓄水工程建设对各个流域的社会经济、生态环境和气候变化三大方面的综合影响。

（1）评价结果表明：水利工程的建设对生态环境及社会经济整体上起正向作用，生态环境评价得分呈上升趋势。对于乌拉盖水库来说，除 1998 年特大暴雨导致分数异常外，评价得分整体上呈上升趋势。2015—2017 年，分数有短暂下降，主要是由于该时期水库处于除险加固施工阶段且降雨量较低。德日苏宝冷水库与乌拉盖水库情况类似。随着西柳沟淤地坝系的不断修建，拦泥减沙，淤地保土效果逐渐显现，西柳沟淤地坝系的生态环境状况评价综合得分也呈稳定上升趋势。

（2）使用 Spearman 秩相关分析法，研究了 3 个流域各评价指标与最终评价得分的相关关系。结果如下：

1）社会经济因子评价得分呈显著正相关。社会经济因子都呈显著相关关系，且都是强相关正向作用。说明经济和社会的发展，不仅不会对生态环境造成破坏，并且随着人们环保意识的觉醒，经济和社会的发展会反哺生态环境。

2）生态环境因子中主要因子（如 NPP、水资源、植被指数等）与评价得分呈显著正相关性，说明水利工程建设对水资源合理调度以及生态恢复有一定作用。但流域内土地利用类型变化较大，如乌拉盖水库流域内受降雨影响较大，研究区内降雨量减少导致湿地面积有所减小。

（3）根据各流域近 20 年评价指标数据变化趋势，对 2021—2030 年社会经济因子、生态环境因子和部分气象因子进行预测。根据预测结果，采用与历史符合的数据，进行了 3 个流域 2021—2030 年生态环境综合评价。结果表明，3 个流域的生态环境评价得分整体都呈上升趋势，这也说明水利工程建设对流域生态环境的正面影响。

（4）为更好地应用研究成果，助力内蒙古自治区生态水利工程建设，根据研究成果研发了"内蒙古蓄水工程生态评价系统"，该系统包含了水库工程生态评价和水土保持生态治理工程生态评价两部分内容。

7.2　展　　望

7.2.1　水库调度和湿地保护的建议

（1）加强水库调度运行和管理。水库是区域水资源配置工程体系的骨干工程，水库除险加固后，相关部门应结合流域水资源总量、水库实际调节能力及下游生产、生活需求，优先保障生活用水，再考虑生产用水和生态用水，统筹下游湖泊湿地补水需求，做好优化配置。结合湿地的保护目标、保护需求，结合自然降水，确定湿地补水量、补水方案、补水通道，实现水库优化调度。

（2）分区制定湿地修复目标及方案。鉴于湿地保护面积大，管护基础设施薄弱，且自然禀赋及人类活动存在较大空间异质性，在分析流域长时序水文、气象及生态系统数据基础上，确定合理的湿地面积及保护范围。相关部门在制定湿地生态修复、河湖保护治理等政策、项目和分配资金时进行分区目标设定和成效评估，探索精细化管理和治理办法。

（3）建议建立流域水资源协调机构。湿地由多条河流补给水源，多数为季节性河流，且径流模数较小。建议设立乌拉盖湿地水源补给调配议事协调机构，厘清流域内水文循环过程及水资源供需情况，按照生态补水方案，结合丰水期、枯水期等季节，科学论证和决策，全方位统筹好湿地水源补给问题，确保湿地水源充足，维持湿地基本的水文循环，修复自然生态特性；科学划定乌拉盖水库流域的行洪区与滞洪区，移除河湖管理范围与界定范围的牧户，退出草场，制定行洪区与滞洪区草场使用的管理办法，利用政府补偿从根本满足牧民基本需求。

7.2.2　流域草地保护的建议

（1）合理开发利用草地资源。开发利用草地应统一规划，合理开发利用，应采取强制措施杜绝滥垦荒坡，乱挖药材，过度放牧。实行封山育林，封坡育草，恢复草原植被。规范征占用草原审核审批程序，加大对草原违法行为的查处力度。在具备条件的地区对草原进行灌溉和施肥，促进草地生产，真正做到对草地的永续利用。

（2）增强天然草地的建设和保护。对侵占天然草原的现象进行严格制止，防止人工用地无度侵占草原使地表植被受到破坏，表土被挖掘，增加土地沙化风险。为了缓解天然草场的生产压力，应该进行和引导牧民开展人工草地建设，以便扩大牲畜饲料的来源。在建设人工草地的过程中，需要选择优质且适合本地生长的牧草品种，形成标准化的牧草培育基地，提升人工草场的牧草生产量。

（3）加强草原生态环境及灾害治理。从源头加强对鼠虫灾害的防治工作，持之以恒地将草地沙化、黑土滩的问题进行治理，进而解决草原退化的现实问题。根据草地退化程度的不同，制定差异性草地治理措施，恢复和提高草地生产力。

（4）开展草原生态保护科普宣传。在草场生态环境的治理中，应持续不断地对牧民进行宣传引导。带领牧民积极参与到开发项目中去，保障牧民收入。可以邀请草原学、畜牧业经济学相关的专家、学者为牧区的牧民组织开展培训活动，提升牧民的牧草种植和放牧技术。

（5）发展草原生态旅游，文明游憩。乌拉盖地区是目前世界上保存最完好的天然草原之一，将草原生态旅游作为重要产业加以培育，既可促进经济发展，增加居民收入，也为草原可持续发展打下坚实的基础。充分挖掘草原旅游文化含义，实现旅游资源开发多样化，打造优质旅游产品，探索地区生态产品价值实现路径。

7.2.3　牧民放牧科学管理的建议

（1）草畜平衡是牧业可持续发展的基础。建立有效的草场管理制度，根据草场资源条件和气候变化，每年灵活确定四季草场的区域及进入和退出时间；按照草地状况和每个牧户所承包的草场面积约定各户的载畜率，但该载畜率不应固定不变，雨水充足、气象条件较好的年份，牧户所放养的牧畜数量可适度增加。合理利用现代科技手段，对草原畜牧业生产的结构、功能加以改正和协同。尽可能在更少的资源投入、保护生态环境的基础上，进行草原畜牧业生产活动，最终达到资源永续利用的目的。

（2）充分利用科技手段，整治和开发相结合。合理轮牧可以恢复草原植被生长能力，但是需要时间。为了在短时间内达到最好的生态治理效果，草原牧区可以考虑集中技术和建设资金，对那些风沙严重、水土流失问题突出的地区进行整治。号召牧民充分利用互联网提升农牧业生产、经营、管理和服务水平，搭建绿色农畜产品电子商务交易平台，促进畜牧业生产水平的提升。

7.2.4　工业园区节能降耗节水的建议

（1）合理规划工业园区，配置节水工程及污水循环利用工程。深入调研考察，规划好地区工业经济发展，做好现有在建项目的技术工艺、管理水平和生态保护的工作。对现有工业园区进行整合，对已开展前期工作的工业项目，坚持采用一流的环保、节水技术，最大限度地避免对草原生态环境造成影响。工业园区内新建项目应认真开展水资源论证和环境影响评价。

（2）建设清洁能源化工循环产业园区。加快园区基础设施建设，合理安排园区的功能布局，尽可能集中同类型企业，为建立企业间的产品物质流动和资源循环利用创造必要的条件。在规划园区方案时应当走技术含量高、经济效益好、资源消耗少、环境污染小的发展道路，建设以煤炭为基础，实现煤、电、化的跨产业循环利用。

7.2.5　流域可持续发展建议

（1）建立健全流域生态保护政策和生态补偿机制。应编制乌拉盖湿地保护方案及规划。统筹生活、生态和生产用水。保护、节约利用水资源，促进区域经济社会可持续发展。建立健全财政投入稳定增长机制，在积极争取政府项目资金支持的同时，大力鼓励社会资金进入生态建设领域，给予投资企业政策上的优待，不断拓宽生态建设投入渠道。按照"谁受益谁补偿"的原则，探索建立长效多元化生态补偿机制，引导流域上游与下游之间实行生态共建共享，加快形成生态损害者赔偿、受益者付费、保护者得到合理补偿的运行机制。

（2）完善区域生态监测网络建设，实施分区保护和发展。现有观测站点较少，对流域内水资源的三水转化关系，特别是地表水和地下水的互补动态，长时期一直不清。建议增设观测网点，积累资料，摸清规律，为今后合理配水、科学管水用水以及水利建设提供必要的依据。在流域内实施分区域保护发展政策，在禁止开发区内，将生态环境恢复与保护放在首位，借助自然风光和人文底蕴，适度发展生态旅游；在限制开发区内，在生态环境能够承载的前提下，可以发展相关牧业和城镇建设；在重点开发区内，在保护区域内的基本农田和林草湿等生态空间的前提下，建立重要的能源化工基地和资源、能源后备区。

7.2.6　尽早启用蓄水工程生态评价系统建议

"内蒙古蓄水工程生态评价系统"汇聚了多个领域的专业知识，涵盖了水资源学、地理信息科学、遥感技术、生态学等众多学科。通过综合运用先进的遥感技术、空间数据分析和模型模拟手段，系统能够精准捕捉并评估蓄水工程对地方生态系统的多方位影响，包括但不限于水文水资源、土地利用、生态环境变化等。随着系统运行的完善，以及过程中积累的大量数据，通过对多维度指标的综合分析，该系统能够对内蒙古地区蓄水工程的生态环境效应进行监测与评价。该系统可通过智能化算法进行实时分析，提供可视化、时空动态的监测结果。该系统不仅有助于深入了解蓄水工程对当地生态环境的影响，能够及时感知潜在问题，从而最大程度地保护生态环境，同时为相关部门决策和管理提供科学依据，使其能够在蓄水工程建设和运行的不同阶段灵活调整策略，能够推动内蒙古自治区蓄水工程的可持续发展，确保其在经济、社会和环境方面取得平衡，实现生态与发展的双赢局面。

参 考 文 献

[1] 张雷，鲁春霞，吴映梅，等. 中国流域水资源综合开发 [J]. 自然资源学报，2014，29（2）：295 - 303.

[2] 杨莹. 基于生态修复理念的清河下段滨水慢行系统建设研究 [J]. 水利发展研究，[2023 - 12 - 19]. https：//link. cnki. net/urlid/11. 4655. TV. 20231218. 1529. 014.

[3] 邓铭江，黄强，畅建霞，等. 广义生态水利的内涵及其过程与维度 [J]. 水科学进展，2020，31（5）：775 - 792.

[4] 陈求稳，张建云，莫康乐，等. 水电工程水生态环境效应评价方法与调控措施 [J]. 水科学进展，2020，31（5）：793 - 810.

[5] 卞勖文，毕望舒. 察尔森水库环境影响分析 [J]. 东北水利水电，2016，34（9）：28 - 30.

[6] 任伟强，罗超，叶少有. 安徽小水电工程对生态环境影响分析 [J]. 中国农村水利水电，2010，10：111 - 112.

[7] 胡小柯，魏怀东，李亚，等. 水坝建设对石羊河流域水资源生态环境的影响 [J]. 中国农村水利水电，2014，9：28 - 30，34.

[8] 黄海真，王娜，姚同山. 河口村水库工程生态环境影响研究 [J]. 人民黄河，2012，34（6）：73 - 75.

[9] 闵倩，蒋亚萍，陈余道. 定量分析青狮潭水库对漓江生态环境的影响 [J]. 水文，2012，32（6）：47 - 51.

[10] 权雅茹. 改善环境监测技术水平的优化途径探索 [J]. 清洗世界，2022，38（7）：83 - 85.

[11] 李振洪，朱武，余琛，等. 影像大地测量学发展现状与趋势 [J]. 测绘学报，2023，52（11）：1805 - 1834.

[12] 杜晓晴，徐志. 浅谈水利工程对生态环境影响及措施 [J]. 科技与创新，2022，5：7 - 9，12.

[13] 马瑶瑶，史培军，徐伟，等. 干旱区水电站建设运营生态环境影响遥感监测 [J]. 干旱区研究，2023，40（9）：1498 - 1508.

[14] 范利平，林文杰，燕琳. 生态水库评价技术探讨—以百色水库为例 [J]. 人民珠江，2023，44（S1）：177 - 181.

[15] 李建玲，李振军，张启星. 贵州某水库工程陆生生态评价 [J]. 水利水电工程设计，2023，42（2）：42 - 46.

[16] 问青春.《生态环境状况评价技术规范》修订及对生态评价工作的影响 [J]. 环境保护与循环经济，2016，36（10）：69 - 71.

[17] 孟祥亮，刘伟，孔梅，等.《生态环境状况评价技术规范》修订的生态管理效用评估——以山东省为例 [J]. 环境监控与预警，2020，12（2）：56 - 62.

[18] Lakkad A P, Patel G R, Sondarva K N, et al. Estimation of sediment delivery ratio at sub - watershed level using revised and modified USLE [J]. Agricultural Research Communication Centre, 2018，38（1）：11 - 16.

[19] Kinnel P I A. A comparison of the abilities of the USLE - M, RUSLE2 and WEPP to model event erosion from bare fallow areas [J]. Science of The Total Environment, 2017，596：32 - 42.

[20] 王强，袁兴中，刘红，等. 基于河流生境调查的东河河流生境评价 [J]. 生态学报，2014，34（6）：1548 - 1558.

［21］ 刘华，蔡颖，於梦秋，等．太湖流域宜兴片河流生境质量评价［J］.生态学杂志，2012，31（5）：
1288－1295.

［22］ 油畅，渠鸿娇，郭泺．"山水林田湖草沙生命共同体理念"下社会-生态系统时空耦合及模拟预测
［J］.生态学报，2024，44（7）：1－16.

［23］ 杭艳红，苏欢，于滋洋，等．结合无人机光谱与纹理特征和覆盖度的水稻叶面积指数估算［J］.农
业工程学报，2021，37（9）：64－71.

［24］ 罗明，刘世梁，高岩，等．基于自然的解决方案（NbS）理念在北方防沙带生态屏障建设中的应用
［J］.生态学报，2024，44（8）：1－11.